剖分 T 型钢连接钢框架抗震性能研究

王新武　著

武汉理工大学出版社
·武汉·

图书在版编目（CIP）数据

剖分 T 型钢连接钢框架抗震性能研究/王新武著. —武汉:武汉理工大学出版社,2019.11
ISBN 978-7-5629-6199-4

Ⅰ.①剖…　Ⅱ.①王…　Ⅲ.①T 型梁-钢梁-框架梁-抗震性能-研究　Ⅳ.①TU398
②TU352.1

中国版本图书馆 CIP 数据核字(2019)第 275073 号

项目负责人:高　英		责任编辑:高　英
责任校对:陈　平		封面设计:牛　力

出 版 发 行:武汉理工大学出版社
社　　　　址:武汉市洪山区珞狮路 122 号
邮　　　　编:430070
网　　　　址:http://www.wutp.com.cn
经　　　　销:各地新华书店
印　　　　刷:广东虎彩云印刷有限公司
开　　　　本:787×1092　1/16
印　　　　张:12
字　　　　数:307 千字
版　　　　次:2019 年 11 月第 1 版
印　　　　次:2019 年 11 月第 1 次印刷
定　　　　价:98.00 元

前　言

梁柱连接是钢框架结构中最重要的部位之一,主要起着传递内力的作用。梁柱连接设计要求受力合理,传力明确,构造简单,制作安装方便。传统钢框架梁柱连接——栓焊刚性连接在数次地震中出现了大量的脆性破坏,因此,国内外很多专家开始对高强螺栓梁柱连接进行深入研究。高强螺栓梁柱连接是通过高强螺栓利用顶底角钢、端板、剖分T型钢等连接件把梁柱连接在一起的新型连接形式,具有良好的承载能力和抗震性能。这类连接能传递一定的剪力和弯矩,常称为半刚性连接。而剖分T型钢梁柱连接被认为是连接刚度较大的半刚性连接之一,并且此类连接属于完全高强螺栓连接,连接处没有任何焊接,施工方便,具有很好的工程应用价值。

本书共八章,系统研究了剖分T型钢梁柱连接在低周反复荷载作用下的滞回性能、耗能特性、破坏模式等;研究了剖分T型钢连接平面钢框架和空间钢框架在低周反复荷载作用下的滞回性能、耗能特性、屈曲机制及破坏模式,通过有限元模拟分析了T型钢连接平面钢框架的受力特性;研究了剖分T型钢连接空间钢框架拟动力试验下的承载能力、位移反应、加速度反应及抗震性能等。最后对半刚性梁柱连接钢框架的受力情况进行了研究,系统总结了半刚性梁柱连接承载力计算的基本步骤,重点介绍了利用组件法确定T型钢梁柱连接进行承载力计算的基本步骤,并以极限承载力法为基础,建立半刚性连接钢框架二阶非弹性分析方法。

本书在编写过程中参考了国内外钢结构连接著名专家学者的专著、论文,可能在参考文献中并没有完全列出,在此对相关的作者表示衷心的感谢。特别需要说明的是,本书所列举的有关研究工作得到了国家自然基金委、河南省科技厅、河南省教育厅项目以及洛阳理工学院科研项目配套资金的资助,洛阳理工学院孙海粟、时强、李凤霞、李聪灵等分别参加了相关的研究工作,研究生布欣、韩冬、胡长娇、贺欢欢、李许峰等参与了相关研究工作,并完成了部分内容的编写和文字处理工作,在此一并表示诚挚的感谢!本书得到了国家自然基金委,国家自然基金面上项目(51678248、51278238),以及河南省创新杰出人才项目(184200510016)的资助,在此表示衷心的感谢!此项目是在洛阳理工学院河南省新型土木工程结构国际联合实验室和河南省装配式建筑结构工程技术研究中心具体实施完成的。

虽然本书的完成是笔者十几年来科研工作的总结和整理,同时也是多年心血的凝练,但由于时间仓促,加之水平有限,书中难免存在不足之处,恳请读者批评指正。

王新武

2019.8

目　　录

1 绪 论

1.1 问题提出

随着我国经济实力和社会生活水平的迅速发展,多、高层建筑已成为我国建筑业发展的重要标志。我国粗钢产量多年来已达世界第一,2017 年产量约 8.32 亿 t,占全球粗钢产量份额的 49.2%。钢材产量的不断提高促使我国对钢材的使用做出了新的调整,从以前的限制用钢到合理用钢,目前国家已经提倡鼓励使用钢材。钢结构以其轻质高强、塑性好、材质均匀、制造简便、施工周期短、便于安装和拆卸、不会产生大量的建筑垃圾等优点在建筑业中得到广泛使用,如深圳的地王大厦,用钢量达 24500 t,总高度为 383.95 m;广州合景大厦中心,钢结构总量约 10000 t,高达 169.95 m;等等。这些都标志着钢结构在建筑业中得到了迅猛发展。《建筑业发展"十三五"规划》中明确提出,大力发展钢结构建筑,引导新建公共建筑优先采用钢结构,积极稳妥推广钢结构住宅。因此,钢结构的发展遇到了前所未有的好机遇。

钢框架结构是一种受力明确、计算方便、施工简单的建筑结构形式,因而钢框架结构在工程中得到了广泛的应用。而对于钢框架来说,梁柱连接是内力传递的重要部位,梁柱连接的性能直接影响到整个钢框架的受力状况。在美国北岭地震和日本阪神地震中发现,钢框架中梁柱刚性连接出现大量脆断,直接导致钢框架出现破坏。其原因主要是传统梁柱刚性连接采用栓焊连接,这种连接方式存在一定缺陷,在受到地震作用时,焊缝连接处容易发生断裂,从而造成整个梁柱连接节点的破坏。因此,从 20 世纪 90 年代末期开始,国内外专家对高强螺栓梁柱连接做了大量的研究工作,主要研究这些连接的受力性能、传力途径、破坏模式及耗能特性。研究表明,高强螺栓连接梁柱节点能够传递一定的剪力和弯矩,受力性能位于刚接和铰接之间,属于半刚性连接。这些连接采用高强螺栓和连接件(剖分 T 型钢、端板、角钢)将梁柱连接在一起,安装方便,施工周期短,便于管理,施工质量容易保证,特别是半刚性连接钢框架耗能能力强、受力路径明确,具有较好的抗震性能。而且这些连接不需要施焊,因此避免了传统栓焊节点的脆性断裂破坏。

在美国和欧洲钢结构设计规范中已有此类连接钢框架的设计相关内容,我国《钢结构设计标准》(GB 50017—2017)中也提出,在进行钢框架内力分析时,要考虑节点的刚度影响,但对其在钢框架连接中如何设计以及如何考虑其影响尚未涉及。在传统的钢结构设计中是按照平面框架进行计算的,但实际工程中,弱轴连接对强轴梁柱连接节点域具有不同程度的削弱,在这类钢框架分析时如何考虑梁柱连接的空间性能和半刚性连接的特性是一个值得研究的课题。

剖分 T 型钢梁柱连接是半刚性连接中刚度较大的连接之一,也是典型的没有焊缝连接的高强螺栓连接形式,能承受较大的弯矩和一定的转角,承载能力较好,具有安装方便、传力明确以及现场不需要施焊等优点,因此,国内外专家对此类连接进行了大量研究。本书拟在原来研究的基础上,首先对剖分 T 型钢平面梁柱连接进行低周反复荷载试验,分析此类连接的破坏模式、滞回性能、耗能特性以及弱轴对强轴的影响。其次对剖分 T 型钢半刚性连接平面钢框架以及剖分 T 型钢半刚性连接空间钢框架进行抗震性能试验研究,得到钢框架的滞回性能、延性、耗能特性、破坏特征及极限承载力等,特别是要得到空间半刚性连接钢框架与平面半刚性连接钢框架之间受力的差异,分析弱轴对强轴的影响;分析利用组件法确定T 型钢梁柱连接进行承载力计算的基本步骤,用梁两端变刚度带抗弯弹簧来模拟梁柱连接的半刚性,引入半刚性连接刚度修正系数,从而建立有侧移半刚性连接钢框架柱计算长度系数的修正公式;通过建立平面框架二阶效应和连接半刚性的弹性刚度位移方程,引入考虑剪切变形影响的梁柱理论的稳定函数,考虑半刚性连接空间杆单元的弹塑性刚度方程。最后确定修正二阶精细化塑性铰法的增量刚度矩阵方程,从而确定基于极限承载力的钢框架二阶非弹性计算分析方法,为 T 型钢连接钢框架在工程中的应用提供理论支撑。

1.2　钢框架梁柱连接的研究现状及发展

梁柱连接在钢框架结构中起着传递剪力、轴力、弯矩的作用,必须满足"强节点、弱构件"的设计原则,是钢框架中非常关键的部位,若梁柱连接发生破坏,将会影响到整个框架结构的安全。

在工程中,钢框架梁柱连接方法较多(图 1-1)。我国相关规范根据节点域的力学性能将梁柱连接分为刚性连接、铰接连接和半刚性连接。在通常的钢结构设计中,一般将钢框架梁柱连接按理想的刚接或者铰接考虑其受力特性。在实际工程中,只有当实际连接转动约束能力达到理想刚接 90% 时属于刚接,当梁柱轴间转角的改变量是理想铰接的 80% 时属于铰接,而大多数梁柱连接的力学性能一般处在两者之间,严格意义上应按半刚性连接进行设计和分析。美国相关规范根据钢结构梁柱节点的弯矩-转角关系以及连接刚度与梁刚度之比,将梁柱连接分为完全约束型(Fully Restrained,FR)、部分约束型(Partially Restrained,PR)和铰接连接型。欧洲钢结构设计规范 EC3 根据连接的初始转动刚度 K_i 将梁柱连接分为刚接、铰接和半刚性连接。

刚性连接节点之间不能发生相对转动,可以传递剪力和弯矩,常见的刚性连接包括焊接连接、螺栓连接和栓焊连接。焊接连接指采用全熔透坡口对接焊缝连接梁柱翼缘,梁腹板与柱翼缘用角焊缝连接;螺栓连接指采用连接件和高强螺栓将梁和柱连接;栓焊连接是采用全熔透坡口焊缝将梁的上下翼缘与柱翼缘焊接,然后将梁腹板与柱翼缘上的连接板用高强螺栓连接。通常焊接节点焊接量较大,施工麻烦,质量不易保证,在多、高层钢结构建筑中,梁柱节点常用的刚性节点形式为栓焊连接节点。在通常的钢结构设计中,为了减小钢框架的水平侧移,增加其刚度,将梁柱节点设计为刚接。但经历美国和日本先后的两次大地震以及我国的汶川地震后,人们发现钢框架结构的破坏多是因为梁柱焊接节点发生脆性破坏,因此,国内外学者对梁柱连接节点进行了大量的研究,主要研究如下:

Kishi 和 Chen 根据已有的试验数据,收集了 8 种连接类型的弯矩-转角曲线并进行整理,建立了数据库,为今后相关研究提供查阅基础。

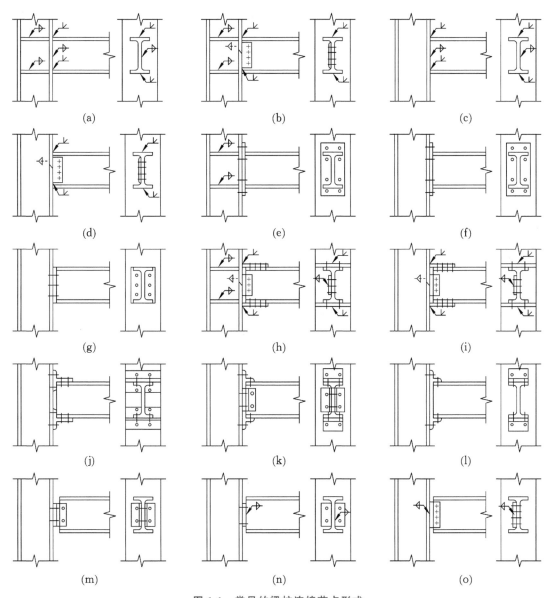

图 1-1　常见的梁柱连接节点形式

(a) 带加劲肋全焊接连接；(b) 带加劲肋栓焊混合连接；(c) 无加劲肋全焊接连接；(d) 无加劲肋栓焊混合连接；

(e) 带加劲肋外伸式端板连接；(f) 无加劲肋外伸式端板连接；(g) 平齐式端板连接；(h) 带加劲肋盖板连接；

(i) 无加劲肋盖板连接；(j) T 型钢连接；(k) 带双腹板上下翼缘角钢连接；(l) 上下翼缘角钢连接；

(m) 腹板双角钢连接；(n) 端头板连接；(o) 腹板单板连接

　　Nethercot 依据已有的钢梁柱连接试验，将结果进行整理归纳，通过对 70 多项结果的研究，利用曲线拟合法将试验数据拟合，绘制出不同的弯矩-转角曲线。

　　Sheng-Jin Chen、C.H.Yeh 等对狗骨式梁柱连接进行了低周反复荷载试验和地震模拟振动台试验，同时对节点的弯矩转角关系进行了分析，试验结果表明狗骨式刚性连接节点在低周反复荷载作用下具有良好的延性和滞回性能。

Y.Yee 和 R.Melchers 等对螺栓连接的弯矩-转角曲线进行了分析,并对一系列的梁柱连接节点性能进行了比较。

Daniel Grecea、Florea Dinu 等对不同类型的刚性连接和半刚性连接的钢框架进行了地震作用下相关性能的参数研究,并通过研究分析得出了钢框架的受力性能准则。

杜俊等研究了梁柱节点刚接和半刚性连接对结构抗震性能的影响,利用有限元软件分析了钢结构抗震性能受横向弯曲刚度和轴向扭转刚度的影响,得出横向弯曲刚度对结构抗震性能的影响较显著,同时为以后钢结构的设计和分析提供了依据。

石永久等对 8 个焊接孔扩大型梁柱节点足尺试件进行了在四种反复荷载历程下的破坏试验,通过对不同试件节点的破坏模式和滞回性能进行对比分析,得出焊缝质量对节点的破坏影响较大。

宋振森等对 6 个大尺寸的刚性连接试件进行了循环加载试验,试验结果表明全焊梁柱连接的滞回性能优于栓焊连接,刚性较小的节点板连接塑性变形较大,且翼缘焊缝的质量影响梁柱刚性连接的性能。

马翠玲等利用 ANSYS 软件,并结合工程实际对试件进行了时程分析,初步讨论了框架层数和跨数,特别是梁柱节点的转动刚度等对钢框架抗震性能的影响,其研究表明,减小节点转动刚度会降低整体框架的刚度,增大延性;同时半刚性连接钢框架在一定程度上可以增大结构的水平侧移,减小柱底剪力,表现出良好的抗震特性。

王新武等对钢框架梁柱连接的性能进行了研究,介绍了半刚性连接各种类型的特点,分析了梁柱节点不同连接类型的相关性能,并对国内外现有常见的各种力学模型进行了分析。

刘彩铃等对缩尺比例为 1:3 的单层单跨平面钢框架(梁柱连接采用刚接)进行了拟动力试验和数值模拟,分析了不同地震加速度峰值的反复试验,试验结果表明钢框架具有较好的抗震性能。

1.3 半刚性梁柱连接的研究现状及发展

从 20 世纪 90 年代开始,国内外对高强螺栓半刚性梁柱连接进行了大量试验研究和数值模拟研究。一般来说,高强螺栓半刚性连接主要包括:

(1)带双腹板角钢的顶底角钢连接,如图 1-2(a)所示,该连接形式受力性能简洁、稳定,被认为是最有代表性的半刚性连接之一。

(2)顶底角钢连接,如图 1-2(b)所示,此类连接可以承受一定的梁端弯矩,但承载力低于带双腹板角钢的顶底角钢连接。

(3)齐平端板连接或外伸端板连接,如图 1-2(c)、(d)所示,该类连接是有抗弯要求的梁柱连接形式,特别是外伸端板连接已经开始应用在工程实际中。

(4)T 型钢连接,如图 1-2(e)所示,此类连接被认为是半刚性连接中刚度最大的连接方式之一。

(5)矮端板连接,如图 1-2(f)所示,此类连接的性能与双腹板角钢连接的性能接近。

(6)单腹板角钢连接,如图 1-2(g)所示,此类连接刚度非常小,柔性大。

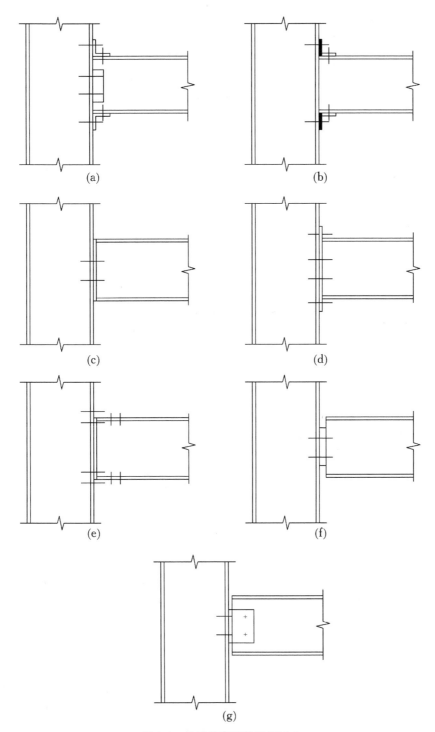

图 1-2 常见的半刚性连接形式

国内外专家对半刚性连接钢框架进行了试验研究和理论分析,其中理论分析方法包括曲线拟合法、塑性分析法和解析法等。主要成果有:

Elnashai 等利用试验对两层钢框架进行了研究和分析,对半刚性和刚性连接情况下的梁柱节点的静力和动力性能进行了对比分析,分析得出,在同一地震作用下,半刚性连接钢框架具有较好的滞回性能和延性特征,同时顶点位移幅值较小。

M.Ivanyi 等对两层单跨外伸端板式半刚性连接钢框架进行了在循环荷载作用下的试验研究,得出节点刚度的变化对结构塑性铰的产生顺序有较大影响,同时还会影响钢框架动力性能的响应变化。

D. S. Sophinopoulos 通过对 L 型半刚性连接钢框架自由振动的公式进行计算分析,得到了刚度对 L 型半刚性连接钢框架自由振动的影响,并对 L 型框架梁柱采用刚接和半刚性连接的性能变化进行了比较。

R. M. Korol、A. Ghobarah 和 A. Osman 等进行了在循环荷载作用下半刚性连接钢框架的试验,分析了半刚性钢框架的受力性能和破坏机理。

郭兵等进行了半刚性连接钢框架在循环荷载作用下的性能试验,分析了半刚性连接钢框架在循环荷载作用下的滞回性能、破坏特征以及耗能性和延性。

王燕、彭福明对外伸端板半刚性连接节点在循环荷载作用下的性能进行了理论分析和试验研究,得出了外伸端板连接节点的受力性能和破坏机理。

王新武、孙犁通过分析梁柱半刚性连接节点的弯矩-转角关系曲线,得出了半刚性连接的一些基本特性,并对部分梁柱节点的受力性能进行了分析。

施刚、石永久等对端板半刚性连接梁柱节点在循环荷载作用下的抗震性能进行了试验研究,通过研究结果得到连接节点的滞回曲线,从而分析了端板连接的滞回性能。

孙犁、李凤霞对一跨两层半刚性连接钢框架的 1∶2 缩尺模型进行了低周反复荷载试验研究,探讨了双腹板顶底角钢半刚性连接钢框架模型的破坏形态、屈服机制、滞回性能和耗能性等。

完海鹰等对双腹板顶底角钢半刚性连接钢框架进行了一系列的试验研究和理论分析,重点研究了双腹板顶底角钢连接钢框架在地震作用下的应力应变、位移响应和加速度响应、滞回性能等,以及在低周反复荷载作用下的破坏形态、剪力位移滞回曲线、骨架曲线等。

周楠楠等对双腹板顶底角钢连接钢框架进行了非线性数值分析,并阐述了半刚性连接对钢框架的影响。

舒兴平、胡习兵等对 T 型钢连接节点性能进行了非线性有限元分析,分析了节点各组成要素对节点性能的影响,得出对 T 型钢连接节点性能影响较大的因素有柱翼缘和 T 型钢翼缘的厚度以及所采用高强螺栓的竖向间距等。

虽然国内外学者对半刚性连接已有了大量的研究成果,但是对半刚性连接钢框架受力性能的研究还不完善,有待进一步提高;特别是我国的《钢结构设计标准》(GB 50017—2017)中只要求进行钢结构内力分析计算时,一定要考虑连接变形的影响,需要提前明确梁柱节点连接的弯矩-转角关系曲线;规范明确地指出在钢结构设计中要考虑半刚性连接的影响,而对如何设计和考虑其性能的影响没有相关的规定。同时,我国的《建筑抗震设计规范》(GB 50011—2010,2016 年版)中,只要求进行抗震设计时考虑连接节点柔度的影响。因此,对半刚性钢框架抗震性能的研究意义重大,关系到我国钢结构的发展、规范的修订和完善等,有待于更深层次的探讨。

1.4 本书的研究工作

本书根据国内外对半刚性连接钢框架的研究现状,选择剖分 T 型钢梁柱连接作为研究对象,对平面梁柱连接进行了在低周反复荷载作用下的试验研究;以 T 型钢梁柱连接作为钢框架梁柱连接形式,进行了 T 型钢连接平面钢框架和空间钢框架拟静力试验研究,重点分析了 T 型钢连接钢框架在低周循环荷载作用下关键部位应力应变发展情况、塑性铰出现顺序、钢框架屈服机制、钢框架抗侧刚度变化、钢框架的滞回性能及耗能机制等。主要研究工作有:

(1)通过查阅国内外相关文献,分析 T 型钢连接的受力性能及影响 T 型钢连接性能的主要因素。

(2)对剖分 T 型钢梁柱连接进行拟静力试验研究,通过对框架边节点以及不同型号剖分 T 型钢连接的框架中节点进行低周反复加载,观察在荷载作用下节点的变形情况、应变分布和破坏形态,研究 T 型钢参数对节点破坏机理、破坏模式、极限应变状态以及滞回性能和耗能特性的影响。对 5 个剖分 T 型钢梁柱连接进行有限元数值模拟,并和试验结果做出对比。

(3)对缩尺比例为 1∶2 的单榀单跨两层 T 型钢连接平面钢框架进行低周反复加载试验研究,分析其加载前后刚度的变化、层间位移角、荷载位移滞回曲线和骨架曲线,从而得到 T 型钢连接平面钢框架在低周反复荷载作用下的破坏机理、节点域的破坏形态和滞回性能等。通过 T 型钢连接平面钢框架有限元模拟分析,研究不同翼缘厚度的 T 型钢连接钢框架在低周反复荷载作用下的受力性能,得到 T 型钢连接平面钢框架的耗能特性及抗震性能。

(4)对缩尺比例为 1∶2 的单榀单跨两层 T 型钢连接空间钢框架进行低周反复加载试验研究,分析钢框架在低周反复荷载作用下层间刚度的变化、节点域的应力应变、荷载位移滞回曲线等,重点分析弱轴对整个钢框架受力性能的影响,从而得出 T 型钢连接空间钢框架在低周反复荷载作用下的滞回性能和耗能特性等。

(5)分析利用组件法确定 T 型钢梁柱连接进行承载力计算的基本步骤;引入半刚性连接刚度修正系数,建立有侧移半刚性连接钢框架柱计算长度系数的修正公式;通过建立平面框架二阶效应和连接半刚性的弹性刚度位移方程,引入考虑剪切变形影响的梁柱理论的稳定函数,考虑建立半刚性连接空间杆单元的弹塑性刚度方程,从而确定基于极限承载力的钢框架二阶非弹性计算分析方法。

2 剖分 T 型钢连接的受力性能

2.1 引 言

在建筑结构中,钢结构所占比例越来越大,梁柱节点在钢结构中起着传递剪力、轴力、弯矩和扭矩的重要作用。因此在钢结构设计中,钢结构的梁柱连接节点是设计的关键,其性能直接影响到钢框架的受力性能,同时是影响安装速度的主要因素。T 型钢连接主要是通过 T 型钢和高强螺栓连接而成,具有构造简单、传力明确、施工方便和造价经济等优点,在工程中得到了广泛的应用。目前国内外专家学者对 T 型钢半刚性梁柱连接的受力特性进行了深入研究。王新武等对 T 型钢梁柱节点进行了单向加载试验和低周往复加载试验,从而得出 T 型钢连接的破坏特征、耗能特性,认为剖分 T 型钢连接延性较好,具有很好的抗震能力。胡习兵等对 T 型钢梁柱连接单调加载时的性能进行了有限元数值模拟分析,得出影响节点性能的重要因素有柱翼缘和 T 型钢腹板、翼缘的厚度以及高强螺栓的竖向间距等。Popov 等通过数值模拟分析,得到了 T 型钢连接具有良好的抗震性能,变形能力较强,耗能能力良好。Bursi 等对 10 组不同翼缘厚度和不同等级高强螺栓的 T 型钢连接进行了试验,并研究了其中的 4 组 T 型钢连接的静力和动力性能,对比分析了不同工况下的 T 型钢连接的受力性能。Swanson 等在考虑高强螺栓类型、高强螺栓直径和高强螺栓间距以及 T 型钢厚度尺寸等因素的影响后,对 T 型钢连接进行了大量受力性能试验研究。根据国内外大量理论分析和相关试验研究结果可知,T 型钢梁柱连接由于不需要焊接,塑性变形能力和耗能能力较好,具有很好的工程应用价值。

2.2 剖分 T 型钢连接受力性能

2.2.1 剖分 T 型钢连接节点的弯矩-转角关系

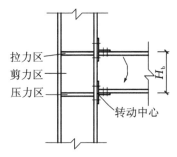

图 2-1 剖分 T 型钢梁柱连接示意图

图 2-1 为剖分 T 型钢梁柱连接示意图。在钢结构设计时,梁柱节点处的弯矩-转角关系能直接反映连接的变形和承载能力。T 型钢梁柱连接的转角主要由节点域的剪切变形和 T 型钢与柱翼缘之间的相对变形引起,主要包括弯矩-剪切转角和弯矩-缝隙转角。

(1) 弯矩-剪切转角 θ_s

利用四段直线模型即 Faella 法计算 θ_s:

当 $M \leqslant \dfrac{2}{3} M_{Rd}$ 时,$K = K_i = \dfrac{GA_{vc}h_i}{\beta}$ （2-1）

$$当 \frac{2}{3}M_{Rd} < M \leqslant M_{Rd} 时, \quad K = \frac{K_i}{7} \tag{2-2}$$

$$当 M_{Rd} < M < \frac{f_u}{f_y}M_{Rd} 时, \quad K = \frac{E_b}{E}K_i \tag{2-3}$$

$$当 \frac{f_u}{f_y}M_{Rd} < M 时, \quad K = 0 \tag{2-4}$$

式中 M, M_{Rd}——节点弯矩和节点域抗弯承载力；

      K, K_i——节点域剪切变形转动刚度和初始转动刚度；

      G——钢材剪切模量；

      A_{vc}——节点域柱腹板截面面积；

      h_i——节点域剪力的力臂，即梁上、下翼缘中心的距离；

      f_y, f_u——钢材的屈服强度和极限抗拉强度；

      E, E_b——钢材的弹性模量和强化模量。

节点域抗弯承载力通过下式计算：

$$M_{Rd} = \frac{v_{Rd}}{\beta}h_i = \frac{f_v A_{vc}}{\beta}h_i = \frac{f_y A_{vc}}{\sqrt{3}\beta}h_i \tag{2-5}$$

式中 v_{Rd}——节点域抗剪承载力；

      β——考虑在节点域抗剪的有利作用下的调整系数；

      f_v——钢材的抗剪屈服强度，$f_v = f_y/\sqrt{3}$。

$$\theta_s = M/K$$

(2) 弯矩-缝隙转角 θ_i

连接节点在进行计算分析时，需要节点初始刚度参数。T 型钢连接节点的初始刚度可根据连接节点的初始变形计算得出：

$$\theta_i = \Delta_i/(h_b + t_{tw}) \tag{2-6}$$

$$R_{ki} = M_i/\theta_i \tag{2-7}$$

式中 θ_i——在弯矩作用下节点的转角；

      h_b——梁的截面高度；

      M_i——节点连接的初始弯矩。

初始变形值 Δ_i 由下式计算：

$$\Delta_i = \Delta_{b1} + \Delta_{cf} + \Delta_{tf} + \Delta_{tw} \tag{2-8}$$

式中 Δ_{b1}——受拉区的高强螺栓变形值，其值为：

$$\Delta_{b1} = \frac{M(t_{cf} + t_{tf})}{m(h_b + t_{tw})EA_b} \tag{2-9}$$

      Δ_{cf}——柱翼缘变形引起的节点水平位移，其值为：

$$\Delta_{cf} = \frac{F_t b^3}{6EI_1} = \frac{Mb^3}{6EI_1(h_b + t_{tw})} \tag{2-10}$$

      Δ_{tf}——T 型钢翼缘变形引起的节点水平位移，其值为：

$$\Delta_{tf} = \frac{F_t b^3}{6EI_2} = \frac{Mb^3}{6EI_2(h_b + t_{tw})} \tag{2-11}$$

      Δ_{tw}——T 型钢腹板变形引起的节点水平位移，其值为：

$$\Delta_{\text{tw}}=\frac{2F_{\text{t}}(s_3+2s)}{2EA}=\frac{F_{\text{t}}(s_3+2s)}{EA}=\frac{M(s_3+2s)}{EA(h_{\text{b}}+t_{\text{tw}})} \tag{2-12}$$

A_{b}——高强螺栓的横截面面积;

F_{t}——T 型钢的抗拉承载力设计值;

t_{cf}——柱翼缘厚度;

t_{tf}——T 型钢翼缘厚度;

t_{tw}——T 型钢腹板厚度;

h_{b}——梁截面高度;

E——钢材弹性模量;

b——螺栓作用中心距悬臂控制截面的长度;

I_1——假设柱翼缘计算截面的惯性矩,其值为:

$$I_1=\frac{b_{\text{cf}}t_{\text{cf}}^3}{12}, \quad b_{\text{cf}}=a+b+s_1 \tag{2-13}$$

I_2——T 型钢翼缘截面惯性矩;

A——T 型钢腹板面积,并且 $A=t_{\text{tw}}b_{\text{tw}}$,$b_{\text{tw}}$ 为 T 型钢腹板截面宽度;

s_3——T 型钢腹板相邻两排螺栓孔之间的距离;

s——T 型钢腹板第一排螺栓孔与 T 型钢翼缘之间的距离,如图 2-2 所示;

s_1——螺栓孔之间的距离;

a——螺栓距一边的距离;

b——螺栓距另一边的距离。

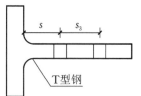

图 2-2　T 型钢腹板计算尺寸

根据以上求得的节点弯矩-剪切转角和弯矩-缝隙转角,经过相加可以得到节点的弯矩转角,继而求得节点的刚度。

2.2.2　剖分 T 型钢连接节点的承载力分析

对于 T 型钢梁柱连接来说,其承载力影响因素较多,主要包括 T 型钢、梁、柱、高强螺栓以及各组件之间的摩擦等,因此,需要考虑摩擦面的抗剪承载力、T 型钢腹板的承载力、T 型钢翼缘的承载力、柱腹板的承载力、柱翼缘的承载力和高强螺栓的承载力等。

（1）T 型钢连接节点摩擦面的抗剪承载力

这里的摩擦面包括 T 型钢翼缘与柱翼缘的接触面,T 型钢腹板与梁上、下翼缘的接触面。连接部件间的摩擦力传递的剪力作用主要由摩擦型高强螺栓连接承受,单个摩擦型高强螺栓的抗剪承载力设计值为:

$$N_{\text{v}}^{\text{b}}=0.9n_{\text{f}}\mu P \tag{2-14}$$

式中　n_{f}——高强螺栓传力摩擦面数目;

μ——摩擦面抗滑移系数;

P——单个高强螺栓的预拉力。

若连接部件的摩擦型高强螺栓数目为 m,则 T 型钢连接节点摩擦面的抗剪承载力 V 为:

$$V=mN_{\text{v}}^{\text{b}}=0.9n_{\text{f}}\mu Pm \tag{2-15}$$

（2）T 型钢腹板的承载力

T 型钢腹板通过高强螺栓与梁的上、下翼缘连接，主要承受弯矩作用产生的拉力和竖向荷载产生的部分剪力作用。一般来说，T 型钢连接节点中与梁下翼缘连接的 T 型钢腹板主要承受剪力作用。当采用摩擦型高强螺栓连接时，T 型钢腹板所承受的拉力主要由连接梁上翼缘所采用的高强螺栓数目、高强螺栓的预拉力和摩擦面数目来决定。在计算 T 型钢的腹板受力性能时，假定如下：T 型钢腹板所受的拉力是由梁上翼缘弯矩产生经摩擦面均匀传递而来；梁端转角和竖向荷载以及摩擦面产生的摩擦力对 T 型钢腹板承载力的影响不计。其计算模型如图 2-3 所示。

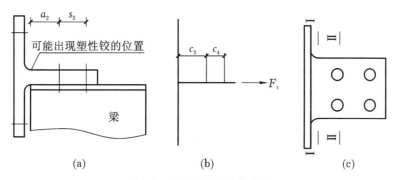

图 2-3 T 型钢腹板计算简图

（a）腹板模型；（b）简化后全结构模型；（c）破坏截面

a_2—螺栓孔圆心到翼缘的距离；s_3—螺栓之间的距离；c_3—简化后螺栓孔圆心到翼缘的距离；c_4—简化后螺栓之间的距离

由图 2-3 可以看到，截面 I—I 是腹板平面内最大拉力的截面，可以按下式计算抗拉承载力设计值：

$$F_t \leqslant b_{tw} t_{tw} f \tag{2-16}$$

式中　b_{tw}——T 型钢腹板截面宽度；

　　　t_{tw}——T 型钢腹板截面厚度；

　　　f——T 型钢腹板的抗拉强度设计值。

图 2-3 中截面 II—II 是腹板承受较大拉力的截面，此截面的抗拉承载力设计值可以根据下式计算：

$$F_t \leqslant (b_{tw} - m_1 d_0) t_{tw} f \tag{2-17}$$

式中　m_1——截面 II—II 处高强螺栓数目；

　　　d_0——腹板上螺栓孔的直径。

T 型钢腹板的承载力设计值取式（2-16）和式（2-17）计算得出的承载力较小值。

（3）T 型钢翼缘的承载力

T 型钢翼缘的承载力受翼缘厚度的影响。翼缘厚度不同，T 型钢的破坏模式不同。根据其受力特点，对 T 型钢翼缘承载力的计算进行以下假定：不计支座截面和 T 型钢腹板的变形以及摩擦面的摩擦力对 T 型钢翼缘承载力的影响；不计翼缘变形对 T 型钢翼缘荷载效应的影响。图 2-4 为 T 型钢翼缘的计算模型。e_1 为螺栓孔圆心到 T 型钢翼缘边缘的距离。

由图 2-4（b）以及水平方向的平衡条件可得：

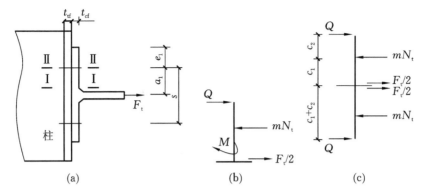

图 2-4　T 型钢翼缘计算模型

(a) 受拉区受力模型；(b) 半结构模型；(c) 全结构模型

$$0.5F_t - mN_t + Q = 0 \tag{2-18}$$

由图 2-4(c)可以得到截面 Ⅰ—Ⅰ、Ⅱ—Ⅱ 的弯矩设计值计算公式为：

$$M_{\mathrm{I}} = mN_t c_1 - Q(c_1 + c_2) \tag{2-19}$$

$$M_{\mathrm{II}} = Qc_2 \tag{2-20}$$

式中　M_{I}，M_{II}——截面 Ⅰ—Ⅰ 和 Ⅱ—Ⅱ 的控制弯矩设计值；

$\quad\quad F_t$——施加于 T 型件腹板上的外拉力；

$\quad\quad N_t$——单个螺栓所受外拉力；

$\quad\quad Q$——由于杠杆作用对螺栓产生的撬力；

$\quad\quad c_1$——由试验确定的螺栓拉力中心距塑性铰线的折算距离，当 T 型钢为焊接时：

$$c_1 = a_1 - \frac{h_f}{3} - \frac{D - t_{\mathrm{tf}}}{4} \tag{2-21}$$

当 T 型钢连接件为轧制型钢时：

$$c_1 = a_1 - 0.8r - \frac{D - t_{\mathrm{tf}}}{4} \tag{2-22}$$

式中　a_1—— $0.5F_t$ 与 N_t 间的距离；

$\quad\quad t_{\mathrm{tf}}$——T 型钢翼缘厚度；

$\quad\quad r$——T 型钢翼缘和腹板连接处圆角弧半径；

$\quad\quad D$——高强螺栓垫圈的外径；

$\quad\quad h_f$——焊缝的高度；

$\quad\quad c_2$——由试验确定的撬力 Q 距螺栓杆轴线的距离，$c_2 = e_1$。

研究表明，当螺栓所受外拉力 $N_t \leqslant 0.5P$ 或增大 T 型件腹板的刚度时可以不考虑撬力 Q 的作用。因此，在图 2-4 所示的情况下需要考虑撬力 Q 的影响。

沿杆轴方向受拉力作用的高强度摩擦型螺栓连接中，单个螺栓的抗拉承载力设计值取为：$N_t = 0.8P$。

将 $N_t = 0.8P$ 代入式(2-19)，然后求解式(2-18)、式(2-19)和式(2-20)方程组，得出截面弯矩设计值最大值：

$$M_{\mathrm{I}} = 0.5F_t(c_1 + c_2) - 0.8mPc_2 \tag{2-23}$$

$$M_{\text{II}} = (0.8mP - 0.5F_{\text{t}})c_2 \tag{2-24}$$

其截面的平均剪应力为：

$$\tau_{\text{I}} = \frac{0.5F_{\text{t}}}{b_{\text{tf}}t_{\text{tf}}} \tag{2-25}$$

$$\tau_{\text{II}} = \frac{0.8mP - 0.5F_{\text{t}}}{(b_{\text{tf}} - md_0)t_{\text{tf}}} \tag{2-26}$$

式中 b_{tf}——Ⅰ—Ⅰ截面宽度；

　　　d_0——高强螺栓孔径。

按照文献[80]，得出截面Ⅰ—Ⅰ和截面Ⅱ—Ⅱ的强度设计值：

$$\overline{f_{\text{I}}} = \sqrt{f_{\text{y}}^2 - 3\tau_{\text{I}}^2}\,/\gamma_{\text{R}} \tag{2-27}$$

$$\overline{f_{\text{II}}} = \sqrt{f_{\text{y}}^2 - 3\tau_{\text{II}}^2}\,/\gamma_{\text{R}} \tag{2-28}$$

式中 γ_{R}——抗力分项系数；

　　　f_{y}——钢材屈曲强度。

若塑性铰发生在截面Ⅰ—Ⅰ，由 $M_{\text{I}} = M_{\text{IP}}$ 得：

$$t_{\text{tf}} = \sqrt{\frac{4M_{\text{I}}}{b_{\text{tf}}\overline{f_{\text{I}}}}} \tag{2-29}$$

若塑性铰发生在截面Ⅱ—Ⅱ，由 $M_{\text{II}} = M_{\text{IIP}}$ 得：

$$t_{\text{tf}} = \sqrt{\frac{4M_{\text{II}}}{(b_{\text{tf}} - md_0)\overline{f_{\text{II}}}}} \tag{2-30}$$

但是利用上述公式计算 T 型钢翼缘承载力时，由于翼缘板的厚度将会影响其失效模式，使计算结果存在偏差，节点得不到合理设计，因此在计算时一般利用下式对 T 型钢翼缘的承载力进行校核。

剖分 T 型钢翼缘板的端部杠杆力 Q 应满足下式要求：

$$Q \leqslant 0.3N_{\text{b}} \tag{2-31}$$

式中 N_{b}——节点破坏时单个高强螺栓的拉力。

为了节点设计的安全，将 $Q = 0.3N_{\text{b}}$ 代入式(2-18)得：

$$mN_{\text{t}} = 0.714F_{\text{t}} \tag{2-32}$$

将式(2-32)代入式(2-23)、式(2-24)、式(2-29)和式(2-30)可得到 T 型钢翼缘的承载力。

(4) 高强螺栓的承载力

当梁柱节点采用 T 型钢连接时，T 型钢翼缘和柱翼缘、T 型钢腹板及梁翼缘之间的高强螺栓主要承受剪力和拉力作用。连接 T 型钢翼缘与柱翼缘的高强螺栓，主要承受由预拉力和弯矩传递的拉力；连接 T 型钢腹板与梁翼缘的高强螺栓，主要承受由预拉力和剪力传递的拉力。

(5) 柱腹板的承载力

柱腹板的承载力需要分别同时考虑受拉区和受压区腹板的承载力。

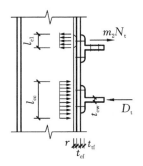

图 2-5　柱腹板应力分布长度

① 受压区腹板的承载力

柱腹板在受压过程中,其计算高度范围内的边缘处可能会受力较大,大于局部抗压强度而发生破坏,造成节点域承载力降低,其应力分布如图 2-5 下部所示。

柱腹板上局部抗压强度须满足以下公式要求:

$$\sigma_c = \frac{D_t}{t_{cw} l_{cc}} \leqslant f \tag{2-33}$$

式中　D_t——梁端弯矩引起的压力;

　　　t_{cw}——柱腹板厚度;

l_{cc}——假定的局部压应力分布长度,$l_{cc} = b_{tf} + 2(t_{cf} + t_{tf} + r)$;

b_{tf}——T 型钢翼缘宽度;

t_{cf}——柱翼缘厚度;

t_{tf}——T 型钢翼缘厚度;

r——柱翼缘与柱腹板之间的弧半径。

腹板局部稳定应满足下式要求:

$$\frac{h_{cw}}{t_{cw}} \leqslant \frac{15.6 t_{cw}^2}{D_t} \sqrt{\frac{f_y}{235}} \tag{2-34}$$

式中　h_{cw}——柱腹板的高度。

若无法满足式(2-34)要求,则应在柱腹板受压区加设加劲肋,其总截面面积须满足下式要求:

$$A_s f_y + t_{cw} l_{cc} f_y \geqslant D_t \tag{2-35}$$

横向加劲肋与柱腹板间使用焊缝焊接,焊缝应有足够的强度传递梁端弯矩所产生的压力。

② 受拉区腹板的承载力

图 2-5 上部为柱腹板受拉区应力分布计算长度示意图,其具有的强度应满足下式要求:

$$l_{c1} t_{cw} f \geqslant m_2 N_t \tag{2-36}$$

式中　l_{c1}——柱腹板计算高度边缘处的应力分布长度,$l_{c1} = D + 2r$;

　　　m_2——腹板与计算点同一高度位置处的螺栓数目。

(6)柱翼缘的承载力

柱翼缘在 T 型钢连接梁柱节点设计中主要承受螺栓的拉力作用,当拉力较大时,柱翼缘会因弯曲变形过大而失稳,其失稳模式有两种,如图 2-5(a)、(b)所示。

柱翼缘的失稳模式如图 2-6(a)所示时,最大的承载力设计值按下式计算:

$$F_t = f t_{cf}^2 \left(3.14 + \frac{0.5 s_1}{a+b} \right) + \frac{4 a N_t^b}{a+b} \tag{2-37}$$

柱翼缘的失稳模式如图 2-6(b)所示时,最大的承载力设计值按下式计算:

$$F_t = f t_{cf}^2 \left(3.14 + \frac{2a + s_1 - d_0}{b} \right) \tag{2-38}$$

式中　t_{cf}——柱翼缘厚度。

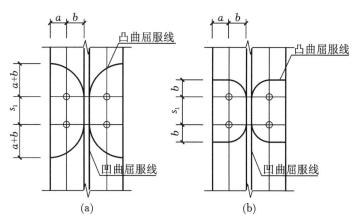

图 2-6　柱翼缘失稳模型

本 章 小 结

　　本章对 T 型钢连接的受力性能进行了分析,主要分析了 T 型钢连接的弯矩-转角关系、初始刚度的影响因素及计算公式,最后分析了 T 型钢连接节点的承载力计算。影响 T 型钢连接节点承载力的因素较多,主要包括摩擦面摩擦力,高强螺栓预拉力,T 型钢上、下翼缘和腹板的承载力以及柱腹板和翼缘的承载力。通过对 T 型钢连接的受力性能的讨论,可以得到以下结论:

　　(1)影响和决定 T 型钢连接节点承载力的主要因素是 T 型钢翼缘和腹板交界处相应截面承载力,在设计时应根据梁截面合理选择 T 型钢型号,以满足梁柱节点抗弯承载力要求。

　　(2)摩擦型高强螺栓的预拉力和摩擦面的抗滑移系数直接影响 T 型钢梁柱连接的承载力。

　　(3)在进行 T 型钢梁柱连接承载力计算时应考虑撬力对 T 型钢梁柱连接受力性能的影响。

3 剖分 T 型钢连接梁柱节点抗震试验研究

3.1 引 言

本章主要对剖分 T 型钢连接的半刚性梁柱连接节点进行拟静力试验研究,通过对框架边节点和不同型号的剖分 T 型钢连接框架中节点进行低周反复加载,观察在荷载作用下各节点的变形情况、应变分布及破坏形态,研究各节点类型和 T 型钢型号对节点破坏机理、破坏模式、极限应变状态以及滞回性能和耗能机理的影响。对试验模型进行非线性数值模拟,研究在低周往复荷载作用下梁柱连接各组件的应变变化、节点域应力发展、连接节点的破坏形式、荷载-位移滞回曲线、高强螺栓预拉力的损失规律等,从而得到这种连接方式节点的抗震耗能特性。

3.2 试 验 目 的

本试验的主要目的是通过电液伺服系统对剖分 T 型钢梁柱连接节点进行低周反复加载试验,分析节点各组件的应变变化,观察节点的破坏形态,研究节点的滞回性能和耗能特性,通过试验结果比较节点类型和 T 型钢型号对节点的应变发展、破坏状态、滞回性能和耗能特性的影响。

3.3 试 验 方 案 设 计

3.3.1 梁柱连接节点试件设计

实际工程如果按照二维框架结构对节点进行分类,可将节点分为中柱节点和边柱节点。节点类型不同、承受荷载情况不同,所具备的力学特性也不同,因此基于以上原因,本试验对平面节点的边柱节点和中柱节点进行试验研究,研究平面中柱节点及平面边柱节点的力学特性。

为考虑节点中 T 型钢翼缘厚度对节点力学特性的影响,本试验共设计制作 3 个梁柱连接节点试件,分别为 2 个框架平面中柱节点 SJ2-1 和 SJ2-2(T 型钢翼缘厚度变化)和 1 个框架边节点 SJ1,节点的详细参数见表 3-1,平面节点连接如图 3-1 所示。

表 3-1 试件中各构件的主要参数(mm)

节点类型	柱截面	梁长	梁截面	柱高	T 型件截面	T 型件截面高度
框架的边节点(SJ1)	300×300×10×15	1800	350×175×7×11	3120	446×199×8×12	270
框架的中节点一(SJ2-1)	300×300×10×15	1800	350×175×7×11	3120	446×199×8×12	270
框架的中节点二(SJ2-2)	300×300×10×15	1800	350×175×7×11	3120	500×200×10×16	270

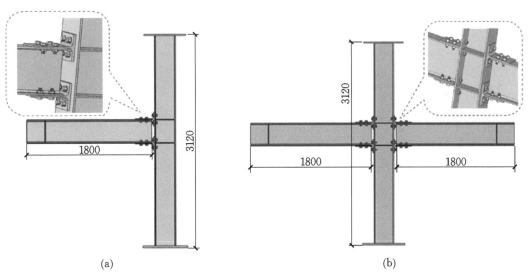

(a)   (b)

图 3-1 平面节点连接示意图

(a) 框架边节点连接 SJ1 及梁、柱尺寸；(b) 框架中节点连接 SJ2-1、SJ2-2 及梁、柱尺寸

连接中梁选用 HN350×175×7×11 型钢,柱选用 HW300×300×10×15 型钢,材料性能见表 3-2;为了提高焊缝质量,节点试件中的焊缝使用二氧化碳保护焊,节点中焊缝存在于加劲肋与柱连接和柱端端板连接;利用 10.9 级 M22 高强螺栓把梁柱和剖分 T 型钢摩擦型连接;螺栓孔直径为 23.5 mm;节点模型选取框架中节点周边相邻梁柱反弯点之间的部分构件,所选模型比例大小为 1:1,模拟钢框架的梁柱节点。其中,为了进行对比,框架边节点和框架中节点一选用同一型号的剖分 T 型钢将梁、柱连接在一起,框架中节点二则选用更大尺寸的剖分 T 型钢将梁、柱连接在一起。高强螺栓预拉力大小按照《钢结构设计标准》(GB 50017—2017)的规定,使用扭矩扳手施加大小为 190 kN 的预拉力。

3.3.2 材料力学性能试验

在材料性能试验中,主要通过单轴拉伸试验测定钢材的规定塑性屈服强度、伸长率、抗拉强度等,为确定试验参数、分析试验结果提供相关数据。

试验中所采用的试件全部选用 Q235B 热轧 H 型钢;按照《金属材料 拉伸试验 第 1 部分 室温试验方法》(GB/T 228.1—2010)的要求制作相应试件。所有材料性能试验的试件都在同一时期加工,采用抛丸除锈的方法处理试件表面,本试验在中国船舶重工集团公司第 725 研究所试验测试与计量技术研究中心的 600 kN 电子万能试验机(DNS600)上进行。

表 3-2 试件主要材料力学特性

编号	规格	材质	规定塑性延伸强度 $R_{P0.2}$(MPa)	抗拉强度 R_{m}(MPa)	伸长率 $\Delta L/L$(%)
1	HW300 翼缘	Q235B	277	430	31.0
2	HN350 翼缘	Q235B	268	445	32.0
3	HW300 腹板	Q235B	274	436	35.0
4	HN350 腹板	Q235B	298	438	36.0

3.3.3 测量仪器及加载装置设定

本试验系统装置由试验模型、反力墙、反力架、加载底板、伺服加载系统、数据采集系统等组成。试验过程中加载设备与框架直接相连的作动器如图 3-2 所示,试验荷载由作动器施加到节点上,试验全程由电液伺服加载系统完成荷载施加过程。

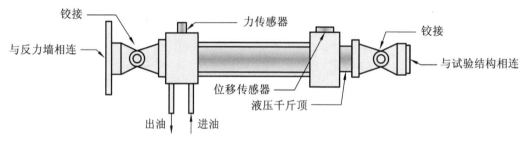

图 3-2 加载设备作动器示意图

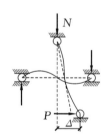

图 3-3 试验中的柱端加载方案

分析表明,当节点上柱在结构上有侧向荷载时,反弯点可看作是水平滑动的铰,对结构进行简化后如图 3-3 所示。本试验采用柱端加载模式,能更加真实地模拟梁柱连接的受力性能。加载过程由柱脚处的水平作动器给节点施加水平侧向推力,梁端和柱脚采用滑动铰支座进行约束,柱顶采用固定铰支座进行约束,如图 3-3 所示。

试验过程中配置了两个作动器,水平方向和竖直方向各一个,水平方向作动器对节点的柱脚部位施加水平侧向荷载,竖直方向作动器向节点施加轴压。试验现场节点试件及加载位置如图 3-4 所示。试验中通过静态应变仪采集系统及佛力电液伺服加载系统测量得到节点柱脚的位移及节点域、梁柱截面的应变分布发展趋势。

在试验加载时,柱顶端板与竖向作动器具有球铰特性,柱底采用自行设计水平定向滑动支座,通过连接在辅助梁处的作动器在柱脚处施加水平位移荷载;悬臂梁端采用空间桁架支

(a)   (b)

图 3-4   试验现场节点试件及加载位置

（a）框架边节点试验现场；（b）框架中节点试验现场

撑并设置水平定向滑动支座来模拟梁端边界支
承条件,同时在梁端设置传感器(图 3-5),测量加
载过程中梁端竖向约束反力。

　　本次试验在柱脚施加水平方向的低周反复
荷载,试验中节点的屈服位移是根据梁柱连接最
关键部位的应变达到材料性能试验测量得到的
屈服应变为依据,试推时当节点区域应变达到屈
服应变时柱脚的位移可看作屈服位移。试验初
期采用荷载控制加载,当节点试件屈服后采用位
移控制加载,加载时将屈服位移作为加载基本位
移步长,从而进行低周反复加载,直到出现较大
位移或试件出现破坏,试验停止。

　　对于本试验中的 3 个梁柱节点,在柱脚附近
的立柱翼缘上布置位移计,用来监测加载过程中
该点的位移变化,绘制作动器的荷载响应与测点

图 3-5   滑动支座及传感器架设详图

位移之间的关系曲线,即滞回曲线。观察滞回曲线的形态和变化;在梁翼缘与柱翼缘之间布
置一个倾斜的位移计,用来测量并计算出梁柱相对转角 θ;在 T 型钢上和梁翼缘上选取多个
点作为应变的观测点,用来观测节点应变的变化规律。为了更好地测量连接处的位移变化,
在距离梁中心线 1 m 以下处柱子翼缘上布置位移计 1,把位移计 1 在屈服时的读数看作节
点的屈服位移。同时,在连接节点上柱翼缘和梁翼缘之间安放位移计 2,通过位移计 2 测得
的梁柱相对位移,从而得到梁柱相对转角 θ。图 3-6、图 3-7 为位移计布置图。同理,增加
个位移计用于测量中柱节点另一侧梁柱之间的相对转角。

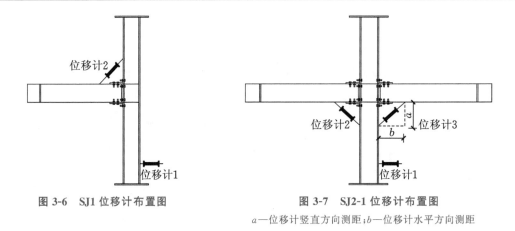

图 3-6　SJ1 位移计布置图　　　　图 3-7　SJ2-1 位移计布置图

a—位移计竖直方向测距;*b*—位移计水平方向测距

3.3.4　应变测量布置

在试验时,为了更好地分析连接处梁、柱、T 型钢等的应变发展情况,在相应的位置上布置应变片和应变花(图 3-8、图 3-9),应变片用于监测以拉压变形为主的区域,应变花主要用于监测易于产生剪切变形区域的应变发展状况。在加载时,通过静态电阻应变仪来测量这些点的应变变化情况,并以关键点的应变大小作为连接节点是否屈服的基本依据。

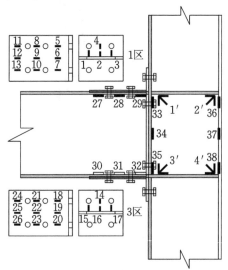

PS：应变片:38个；应变花:4个

图 3-8　边柱节点应变片及应变花分布图

3.3.5　加载方案设计

在试验过程中为了更加真实地反映节点的受力状态,本试验在节点试件柱子的上部施加 600 kN 的轴向压力,在柱子下端施加水平荷载。在整个加载过程中柱子所承受的轴向压力不变,而柱子下端承受的水平荷载以推为正向荷载、拉为负向荷载。在试验过程中,先对柱子施加轴向压力荷载,待监测区域应变稳定后施加柱端水平荷载。柱端水平荷载采用位移控制方式进行,即以节点水平屈服位移的倍数进行低周往复荷载的施加。为了确定节点屈服位移,需要进行水平试推,监测节点区域的应变,当所监测的应变达到 2000 $\mu\varepsilon$ 时对应的水平位移即为节点的屈服荷载。加载曲线如图 3-10 所示。

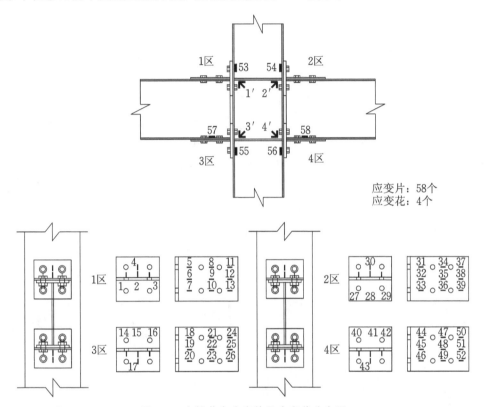

图 3-9　中柱节点应变片及应变花分布图

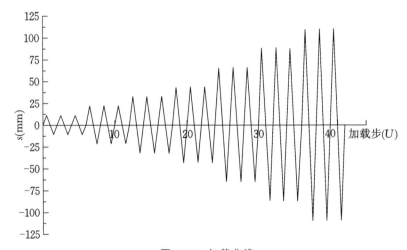

图 3-10　加载曲线

3.4 节点试验结果分析

3.4.1 试验现象

本次试验主要是通过柱底端施加水平反复荷载,按照分级加载的方式进行。在结构屈服之前,试验采用荷载控制,每级荷载循环 3 次;第一次施加的荷载按连接极限荷载的 20% 来考虑。在试验时要注意观察关键部位关键点的应变,按照增量为总荷载的 20% 增加,将要达到屈服荷载时,按总荷载的 10% 来增加,以便于观察屈服时应变的发展情况。根据理论分析,T 型钢连接节点的塑性区域主要在其腹板和翼缘交界处,此处为应变观测的关键部位,所以以此处应变片的读数作为判断节点屈服的依据。当节点的某些位置达到屈服应变时,所对应的柱脚位移计的读数即为节点的屈服位移,这时可认为节点屈服,然后改用位移控制加载,加载步长采用屈服位移,每一个荷载等级成倍增加位移幅值,继续低周反复荷载试验,直到节点出现较大变形或试件出现破坏,试验停止。

试件 SJ1 在刚开始加载前期呈弹性状态,加载过程中肉眼观察不到明显的试件变化。随着荷载的增大,节点逐渐进入屈服阶段,试件发生较明显的变化,结果如图 3-11 所示。

图 3-11　加载过程中 SJ1 的破坏形态

由图 3-11 可知:当节点柱脚的荷载加载至 $s=14.8$ mm 时,T 型钢翼缘与柱翼缘相接处出现非常微小的裂缝,当柱脚位移加载到 44.52 mm 后,两者之间的间隙进一步增加,宽度达到 2 mm,随着进一步加载,两者之间的间隙不断变大,观察到的最大间隙宽度达到 8 mm,为了安全起见,继续加载时不再观察间隙宽度,最终由于 T 型钢变形过大,试验终止。

对于节点 SJ2-1,加载初期为弹性阶段,当柱端位移加载到 32.97 mm 时,在 3 区 T 型件翼缘与柱翼缘连接处出现细微的裂缝,如图 3-12(a)所示;当柱端位移加载到 43.75 mm 时,3 区 T 型件翼缘与柱翼缘连接处间隙进一步加大,宽度约为 4.5 mm,如图 3-12(b)所示;当试件柱端位移加载到 87.34 mm 时,1 区 T 型件翼缘被拉离柱翼缘达到 7 mm,间隙长度为 100 mm,如图 3-12(c)、(d)所示;继续加大荷载,T 型件变形过大,试验停止。

节点 SJ2-2 的试验现象叙述如下,剖分 T 型钢连接十字形节点在加载初期表现为弹性状态,当加载至 3 倍的屈服位移($s=59.82$ mm)时,4 区剖分 T 型件翼缘与柱翼缘相交处出

(a)　　　　　　　　　　　　(b)
(c)　　　　　　　　　　　　(d)

图 3-12　加载过程中 SJ2-1 的破坏形态

(a) $s=32.97$ mm 时 3 区 T 型件变形；(b) $s=43.75$ mm 时 3 区 T 型件变形；
(c),(d) $s=87.34$ mm 时 1 区 T 型件变形

现细微的裂缝,如图 3-13(a)所示,由塞尺测量得到裂缝的宽度为 0.1 mm;当试件柱端位移加载至 4 倍的屈服位移($s=79.76$ mm)时,2 区的缝隙进一步增大,其大小约为 0.2 mm,如图 3-13(b)所示;当试件梁端位移加载至 6 倍的屈服位移($s=119.64$ mm)时,4 区 T 型件翼缘被拉离柱翼缘达 1.65 mm,如图 3-13(c)所示,1 区 T 型件翼缘被拉离柱翼缘达到 1.0 mm,如图 3-13(d)所示;继续加大荷载,节点发生破坏,试验停止。

3.4.2　节点应变分析

节点 SJ1 节点域关键点的应变测量结果如图 3-14 至图 3-17 所示。

对静态应变测试系统测量得到的 1 区关键点的应变进行分析,结果如图 3-14 所示。加载过程中位于 T 型件腹板上的应变片,距离 T 型件翼缘越近应变值越大,如图 3-14(a)所示;在距离 T 型件翼缘等距离的三个应变片中,西侧的应变值大于东侧和中间应变片的值,如图 3-14(b)所示。由此可知,在加载过程中,越靠近 T 型件翼缘处应变值越大,该处最先出现塑性铰。

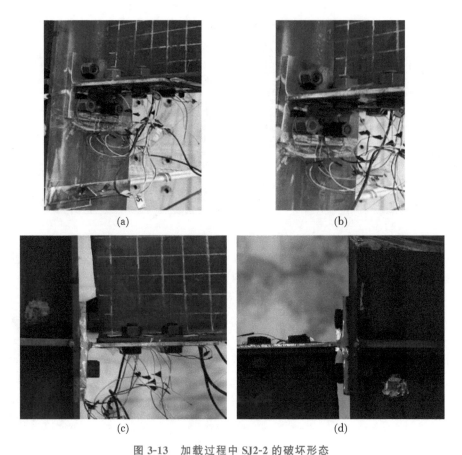

图 3-13　加载过程中 SJ2-2 的破坏形态

(a) $s=59.82$ mm 时 4 区 T 型件变形；(b) $s=79.76$ mm 时 2 区 T 型件变形；

(c) $s=119.64$ mm 时 4 区 T 型件变形；(d) $s=119.64$ mm 时 1 区 T 型件变形

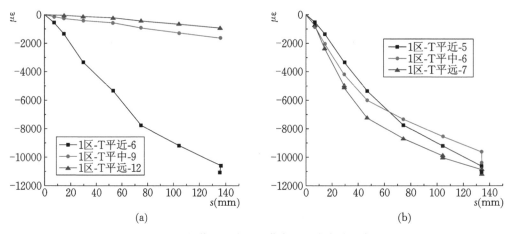

图 3-14　加载过程中 SJ1 节点 1 区应变的分布

对 SJ1 节点 3 区关键点的应变进行分析,结果如图 3-15 所示。加载过程中位于 T 型件翼缘上的应变片,距离 T 型件腹板较近的位置处应变值较大,并且在距离 T 型件腹板等距离的三个应变片中,中间的应变值>东侧的应变值>西侧的应变值,如图 3-15(a)所示;加载过程中位于 T 型件腹板上的应变片,距 T 型件翼缘越近应变值越大,在三个距离 T 型件翼缘相同距离的应变片中,中间的应变值>西侧的应变值>东侧的应变值,如图 3-15(b)所示。由此可知,在加载过程中,腹板与 T 型件翼缘交界处的应变值越大,就越早出现塑性铰。

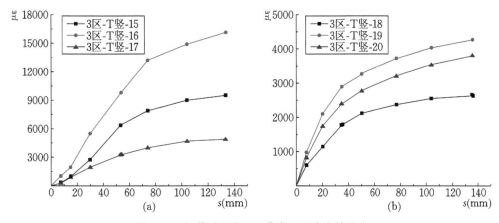

图 3-15　加载过程中 SJ1 节点 3 区应变的分布

对 SJ1 节点中位于梁翼缘和柱翼缘上的关键点的应变进行分析,结果如图 3-16 所示。由图 3-16(a)可知:加载过程中,梁翼缘上各点均处于弹性变形阶段;上、下梁翼缘的应变方向相反;对于梁上翼缘来说,靠近节点域处的应变为正值,而远离节点域处的两处应变均为负值,梁下翼缘则与之相反,这说明在梁翼缘上靠近节点域的两个测点之间存在应变为 0 的位置。由图 3-16(b)可知:加载过程中,柱翼缘上各点均处于弹性变形阶段;左右柱翼缘的应变方向相反,说明在加载过程中柱翼缘一侧受压,另一侧受拉。

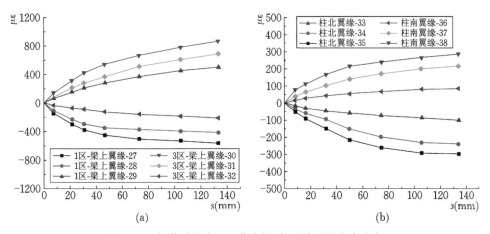

图 3-16　加载过程中 SJ1 节点梁、柱翼缘处的应变分布

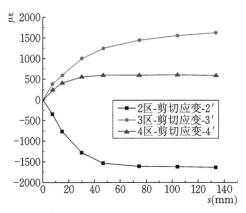

图 3-17 是节点域处应变花的应变数据，从中可以看出：在加载刚开始，节点域处剪切变形较小，节点域处于弹性阶段；随着荷载的继续增加，节点域的剪切应变逐渐增大到屈服应变，节点域发生了屈服，但屈服后应变发展趋于平缓，主要原因是屈曲后节点域发生强化；6 倍屈服位移以后 2 区和 4 区的应变变化比较平缓。

加载过程中 SJ2-1 节点应变沿 T 型件的分布，如图 3-18 所示。

根据试验数据可以看出，在节点中四个 T 型钢连接件腹板上的应变基本一致，即离

图 3-17 加载过程中 SJ1 节点域剪切应变的分布

T 型件翼缘越远，应变越小，如图 3-18（a）所示；而对于离 T 型件翼缘等距离时其应变则表现为两侧应变较大，中间应变较小的趋势，如图 3-18（b）所示。图 3-18 为 1 区 T 型件上的应变，分析 T 型件翼缘上的应变发展规律可以得出，加载过程中 T 型钢翼缘和腹板的交界处，应变发展最快，因此首先在此处形成塑性铰。

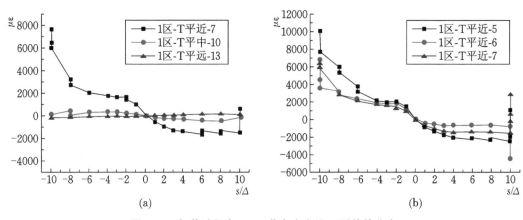

图 3-18 加载过程中 SJ2-1 节点应变沿 T 型件的分布

将节点中四个 T 型件腹板上应变的发展情况进行对比，结果如图 3-19（a）所示。从图 3-19 中可知，加载过程中各监测区应变的拉压状态并未发生变化；当继续加载到 10 倍屈服位移时，应变增大明显，T 型钢连接处出现了很大变形，试验停止；对比各处的应变可知，3 区的应变小于 2 区的应变，4 区的应变小于 1 区的应变。对柱翼缘上应变发展情况可知：柱翼缘在整个加载过程中均处于弹性阶段，如图 3-19（b）所示。另外，在加载过程中梁翼缘也一直处于弹性阶段。以上结果说明 T 型件承担了较大的内力，是节点受力特性关键因素。

如图 3-20 所示，根据节点域应变花的应变数据分析，可以得出：当继续加载到 10 倍屈服位移后，应变的值依次变小，表明节点域已发生破坏，试验停止。

再对节点 SJ2-2 加载过程中关键点的应变分布和变化规律进行分析，特选取每级加载步中负向最大位移和正向最大位移时关键点的应变进行分析，如图 3-21 所示。

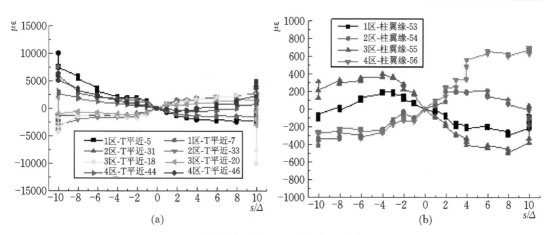

图 3-19　加载过程中 SJ2-1 节点各区应变的对比

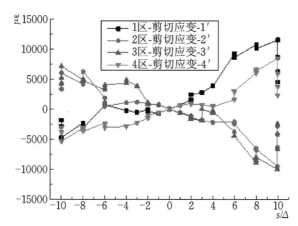

图 3-20　加载过程中 SJ2-1 节点域剪切应变的分布

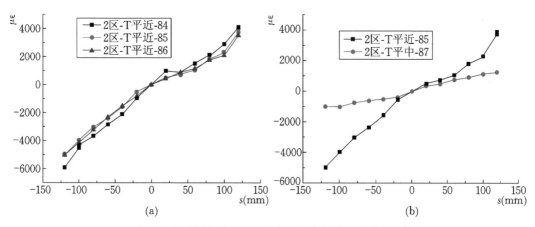

图 3-21　加载过程中 SJ2-2 节点 2 区应变沿 T 型件的分布

　　观察 SJ2-2 中 2 区的应变分布(图 3-21)可知:随着加载位移幅值的增加,T 型件各点处的应变也逐渐增大;此外,观察 T 型件腹板上的应变片发现:靠近 T 型件翼缘的应变片东侧的应变较大,中间和西侧的应变基本相等,如图 3-21(a)所示;T 型件腹板上的应变越靠近 T 型件翼缘,观测点的应变越大,如图 3-21(b)所示。

观察 SJ2-2 中 4 区的应变分布(图 3-22)可知:随着加载位移幅值的增加,T 型件各点处的应变也逐渐增大。此外,观察 T 型件腹板上的应变片发现:靠近 T 型件翼缘的应变片东侧和中间的应变基本相等,均大于西侧的应变,如图 3-22(a)所示;T 型件腹板上的应变越靠近 T 型件翼缘,观测点的应变越大,如图 3-22(b)所示。

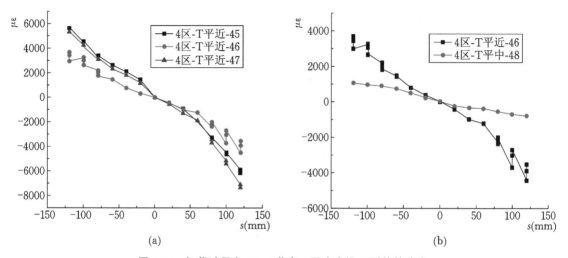

(a)   (b)

图 3-22 加载过程中 SJ2-2 节点 4 区应变沿 T 型件的分布

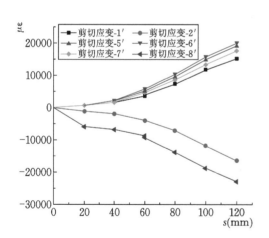

图 3-23 加载过程中 SJ2-1 节点域剪切应变的分布

由 SJ2-2 中 2 区和 4 区的应变对比发现,4 区的应变大于 2 区的应变。此外,通过应变测量发现,试验过程中 3 区梁翼缘的应变最大值为 918.92 $\mu\varepsilon$,未达到屈服应变,梁翼缘在整个加载过程中一直处于弹性阶段,未发生屈服。

图 3-23 为每级加载步中正向最大位移时节点域应变花的应变值,由图可知:在加载过程中节点域的剪切应变达到了屈服应变,节点域发生了屈服;2 区和 4 区的剪切应变与节点域其他位置的剪切应变方向相反;当加载至 6 倍屈服位移时,节点域的最大剪切应变达到了 $-22803.67\ \mu\varepsilon$,已发生非常大的塑性变形,不能再承担荷载,试验停止。

3.4.3 滞回曲线分析

SJ1、SJ2-1、SJ2-2 节点的滞回曲线和骨架曲线如图 3-24 至图 3-29 所示。

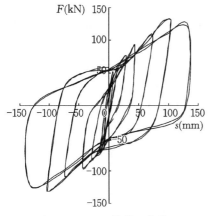

图 3-24　SJ1 的滞回曲线

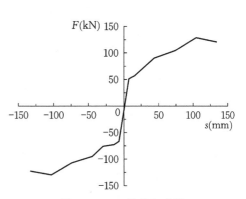

图 3-25　SJ1 的骨架曲线

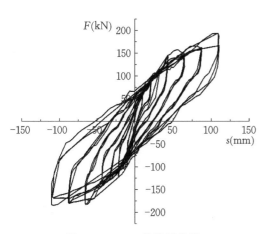

图 3-26　SJ2-1 的滞回曲线

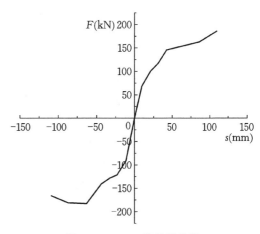

图 3-27　SJ2-1 的骨架曲线

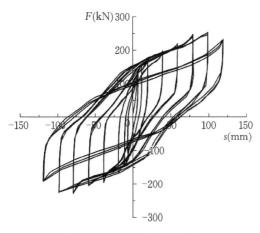

图 3-28　SJ2-2 的滞回曲线

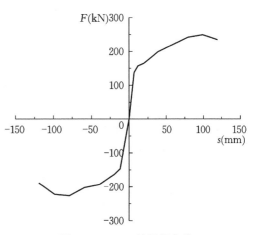

图 3-29　SJ2-2 的骨架曲线

滞回曲线,即恢复力特性曲线,可以表示为在低周反复荷载作用下,试件的荷载与位移,弯矩与转角或者应力-应变的对应关系。把滞回曲线上同向(拉或压)各次加载的荷载极值点依次相连得到的包络曲线称为骨架曲线。

从滞回曲线可以看出,边柱节点 SJ1 及中柱节点 SJ2-1 均较为饱满,通过比较两个节点的极限承载力以及极限位移数值、节点的等效阻尼系数发现:边柱节点 SJ1 的滞回能力小于中柱节点 SJ2-1 的滞回能力。同样是中柱节点,增加了 T 型连接件的厚度后,滞回曲线的饱满程度明显增加,节点的耗能能力明显提升。以上分析说明,边柱节点的滞回特性较中柱节点而言要弱,增加 T 型连接件的厚度,可以很好地增加节点的滞回性能。

对以上滞回曲线和骨架曲线进行分析得出:

(1) 节点 SJ1 的承载能力和延性在正向荷载作用和反向荷载作用下基本相同。正、负向曲线段均出现了明显拐点,本试验测量得到了正向和负向节点的延性系数。节点在加载初期受拉和受压表现出的特性不完全一致,当节点达到屈服位移时,负向屈服荷载为正向屈服荷载的 1.32 倍;随着荷载的继续增大,受拉和受压基本达成一致,其相应最大荷载比仅为 1.02。

(2) 节点 SJ2-1 在负向荷载作用下,节点的承载能力和延性要明显小于在正向荷载作用下的承载能力和延性。正向曲线段没有出现明显的拐点呈继续向上的发展趋势,而负向曲线段则表现出了明显的拐点。节点在加载初期受拉和受压不完全一致,当节点达到屈服位移时,负向屈服荷载为正向屈服荷载的 1.32 倍;随着荷载的继续增大,受拉和受压基本达成一致,其相应最大荷载比值仅为 1.02。

(3) 节点 SJ2-2 的正、负向骨架曲线均出现了较明显的拐点,此试验测量得到 SJ2-2 正向加载和负向加载的延性系数;当加载至屈服位移时,推、拉屈服荷载基本一致;随位移不断变大,拉压出现不对称,推、拉最大荷载比为 1.11。

3.4.4 节点的抗震性能分析

节点的抗震性能以承载力、延性、初始刚度和等效黏滞阻尼比进行评判分析。将试验中的三个节点测出的相关物理量进行对比分析。节点的初始转动刚度计算方法按下式计算:

$$K_i = \frac{|+F_y| + |-F_y|}{|+\Delta_y| + |-\Delta_y|} \tag{3-1}$$

式中 $\pm F_y$——屈服荷载作用下正负方向承载力峰值;

$\pm \Delta_y$——屈服荷载作用下正负方向承载力峰值对应的位移。

节点的延性指标采用位移延性系数进行分析。节点位移延性系数采用极限位移 Δ_u 与屈服位移 Δ_y 的比值来描述。

将所有节点的试验数据列出,详见表 3-3 至表 3-5。

表 3-3　SJ1 骨架曲线分析表

加载方向	屈服荷载(kN)	屈服位移(mm)	最大荷载(kN)	延性系数 μ
正向(推)	50.91	7.42	121.24	14
负向(拉)	−66.09	−7.42	−121.74	14

表 3-4　SJ2-1 骨架曲线分析表

加载方向	屈服荷载(kN)	屈服位移(mm)	最大荷载(kN)	延性系数 μ
正向(推)	69	10.94	186	8
负向(拉)	−90.71	−10.94	−182.82	6

表 3-5　SJ2-2 骨架曲线分析表

加载方向	屈服荷载(kN)	屈服位移(mm)	最大荷载(kN)	延性系数 μ
正向(推)	163.88	19.94	247.9	5
负向(拉)	−163.9	−19.94	−222.9	4

从表 3-3 至表 3-5 中可看出中柱节点 SJ2-1 的平均屈服荷载比边柱节点 SJ1 高 36.50%,中柱节点 SJ2-1 的平均极限承载力比边柱节点 SJ1 高 51.79%;SJ2-1 和 SJ2-2 均为中柱节点,但 SJ2-2 连接件的翼缘厚度比 SJ2-1 相应厚度大 2 mm,平均屈服承载力和极限承载力分别比节点 SJ2-1 提高了 1.08 倍和 27.65%。

以上分析得出,框架边节点是框架结构中容易破坏的地方,中柱节点较边柱节点而言承载力较强。增加 T 型连接件翼缘的厚度,节点的承载力和变形能力均有所提高,说明连接件厚度对节点的力学特性也具有很大的影响。

从表 3-3 至表 3-5 中还可看出,边柱节点 SJ1 的延性系数最大,其平均值是中柱节点 SJ2-1 的 2 倍;同样的,对于中柱节点而言,SJ2-2 与 SJ2-1 相比,节点 SJ2-2 的 T 型连接件翼缘厚度增加了 2 mm,即节点的连接件刚度有所增加,节点 SJ2-2 与 SJ2-1 相比,延性有所下降,下降了 55.56%。这说明边柱节点的延性最好,中柱节点相对于边柱节点而言延性有所降低;当增加节点的 T 型连接件翼缘厚度,节点的延性下降明显。

根据式(3-1)对节点的初始刚度进行计算,分别得出:SJ1 的初始刚度为 7884097 N/m,SJ2-1 的初始刚度为 7299360 N/m,SJ2-2 的初始刚度为 8344534 N/m。中柱节点 SJ2-1 初始刚度与边柱节点 SJ1 的初始刚度相比略有下降,降幅在 7.42%。增加节点的 T 型连接件翼缘的厚度,中柱节点的初始刚度明显增加。

综合以上分析,节点的类型和 T 型连接件翼缘的厚度对节点承载能力和延性有较大的影响;而节点的初始刚度变化幅度不大,节点的类型和 T 型连接件翼缘的厚度对节点的初始刚度影响较小。

通常采用累积耗能的变化趋势和等效黏滞阻尼系数来评定试件在循环往复荷载作用下吸收能量的特点。计算方式如图 3-30 所示,计算表达式如下:

$$h_e = \frac{1}{2\pi} \frac{S_{ABC}}{S_{AOD}} \qquad (3-2)$$

式中　h_e——等效黏滞阻尼系数;

S_{ABC}——三角形 ABC 的面积;

S_{AOD}——三角形 AOD 的面积。

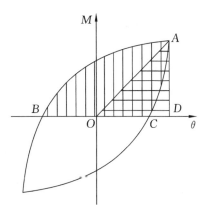

图 3-30　等效黏滞阻尼比计算简图

表 3-6 至表 3-8 分别为节点 SJ1、SJ2-1、SJ2-2 各阶段耗能系数和等效黏滞阻尼比。

表 3-6　节点 SJ1 各阶段耗能系数和等效黏滞阻尼比

位移(×Δ)	1	2	4	6	10	14	18
耗能系数	0.714	0.590	1.40	1.92	1.96	2.15	2.18
等效黏滞阻尼比	0.114	0.094	0.223	0.306	0.312	0.342	0.347

表 3-7　节点 SJ2-1 各阶段耗能系数和等效黏滞阻尼比

位移(×Δ)	1	2	3	4	6	8	10
耗能系数	0.772	0.715	0.949	1.020	1.074	1.150	1.356
等效黏滞阻尼比	0.123	0.114	0.151	0.162	0.171	0.183	0.216

表 3-8　节点 SJ2-2 各阶段耗能系数和等效黏滞阻尼比

位移(×Δ)	1	2	3	4	5	6
耗能系数	1.62	1.55	1.73	1.80	1.92	1.40
等效黏滞阻尼比	0.258	0.247	0.275	0.286	0.306	0.223

从表 3-6 中可以分析得出，SJ1 节点在加载初级阶段表现为弹性状态，当加载位移至 2 倍屈服位移时，节点的耗能系数有所减少，随着继续加载，节点的耗能系数慢慢增大，主要原因可能是节点刚开始屈服时，局部产生较大屈服变形，随着变形范围慢慢扩大，节点处开始进入强化阶段，耗能系数增大，节点的耗能性能进一步增强，直到节点破坏为止。根据表 3-7 可以看出，SJ2-1 节点在试验刚开始加载时，节点明显表现出弹性性质，而当达到 2 倍的屈服位移时，耗能系数减小，然而当继续加载时，耗能系数逐渐增大。其主要原因可能是随着荷载继续增加，梁柱连接节点的塑性发展比较充分，其耗能性能不断增强。由表 3-8 可知，SJ2-2 节点在加载初期节点处于弹性阶段，随着加载的继续进行，节点出现塑性变形；达到屈服位移后，以屈服位移的整数倍为步长进行低周反复加载。观察加载过程中节点的耗能系数和等效黏滞阻尼比的变化趋势发现：在试验初期，随着荷载的增加，SJ2-2 的耗能性能逐渐增强，当达到 2 倍屈服位移时，SJ2-2 的耗能性能出现了明显下降；此后随着荷载的增大，SJ2-2 的耗能性能又开始增强，当达到 6 倍屈服位移时，SJ2-2 的耗能性能明显下降。这是由于加载初期节点处于弹性变形阶段，当荷载达到屈服位移时，节点只有部分位置达到了屈服应变；随着荷载的增加，当达到 2 倍屈服位移时，节点完全屈服，之后继续增加荷载，节点进入强化阶段，当达到 6 倍屈服位移时，SJ2-2 发生了破坏。

根据表 3-6 至表 3-8 综合分析得出，在试验刚开始加载时，节点明显表现出弹性性质，而当达到 2 倍的屈服位移时，耗能系数减小，然而当继续加载时，耗能系数逐渐增大。其主要原因是随着荷载继续增加，梁柱连接节点的塑性发展比较充分即承载力与变形均有较大的增加，其耗能性能不断增大。边柱节点的耗能能力最大，中柱节点的耗能能力与边柱节点相比较低。中柱节点 SJ2-2 增加了 T 型钢连接件的翼缘厚度，节点的等效黏滞阻尼比有所下降。这主要是由于中柱节点 SJ2-2 T 型钢连接件的翼缘厚度的增加提高了节点抵抗变形能力，节点的变形减小所导致。

3.4.5 节点力学特性对比分析

将节点受力性能试验中的三个节点的测量数据进行对比分析,各节点梁柱相对转角、延性、耗能特性、承载能力的对比如表 3-9 和表 3-10 所示。

表 3-9　各节点耗能特性的对比

位移(×Δ)		1	2	4	6	10	14	18
SJ1	耗能系数	0.714	0.590	1.40	1.92	1.96	2.15	2.18
	等效黏滞阻尼比	0.114	0.094	0.223	0.306	0.312	0.342	0.347
SJ2-1	耗能系数	0.772	0.715	1.020	1.074	1.356	—	—
	等效黏滞阻尼比	0.123	0.114	0.162	0.171	0.216	—	—
SJ2-2	耗能系数	1.62	1.55	1.80	1.40	—	—	—
	等效黏滞阻尼比	0.258	0.247	0.286	0.223	—	—	—

表 3-10　各节点骨架曲线的对比

加载方向		屈服荷载(kN)	屈服位移(mm)	最大荷载(kN)	延性系数 μ
SJ1	正向(推)	50.91	7.42	121.24	14
	负向(拉)	−66.09	−7.42	−121.74	14
SJ2-1	正向(推)	69	10.94	186	8
	负向(拉)	−90.71	−10.94	−182.82	6
SJ2-2	正向(推)	163.88	19.94	247.9	5
	负向(拉)	−163.9	−19.94	−222.9	4

由表 3-9 可知:对于选用相同型号的 T 型件的边柱节点 SJ1 和中柱节点 SJ2-1 来说,加载前期,边柱节点 SJ1 的耗能系数小于中柱节点 SJ2-1,加载至 4 倍屈服位移及以后,边柱节点 SJ1 的耗能系数大于中柱节点 SJ2-1;对于选用不同型号的 T 型件的中柱节点 SJ2-1 和 SJ2-2 来说,中柱节点 SJ2-1 的耗能系数小于中柱节点 SJ2-2 的耗能系数,因此,对于框架中节点而言,连接 T 型件翼缘厚度越大,节点的耗能性能越好;各节点在 2 倍屈服位移处,耗能系数和等效黏滞阻尼比都出现了下降,这是由于节点中的 T 型钢均进入屈服状态造成的。

由表 3-10 可知:对于选用相同型号的 T 型件的边柱节点 SJ1 和中柱节点 SJ2-1 来说,边柱节点 SJ1 的屈服位移、屈服荷载、最大荷载均小于中柱节点 SJ2-1;对于选用不同型号的 T 型件的中柱节点 SJ2-1 和中柱节点 SJ2-2 来说,SJ2-1 的屈服位移、屈服荷载、最大荷载均小于 SJ2-2;SJ1 在加载后期出现拉压对称,而 SJ2-1 和 SJ2-2 则出现了拉压不对称,抗拉能力大于抗压能力;由试验还可知,延性系数:边柱节点 SJ1>中柱节点 SJ2-1>中柱节点 SJ2-2。

通过比较加载过程中各节点的梁、柱相对转角可发现,试验停止时,各节点的梁、柱相对转角均达到了美国 FEMA 要求的 0.03 rad。

3.5　T 型钢梁柱连接节点数值模拟分析

3.5.1　概述

目前,国内外对于钢框架节点的有限元数值模拟有较多的研究,但多是针对焊接刚性节点及顶底角钢连接、外伸端板连接半刚性节点性能的研究,都对于节点的有限元模型做了简化处理,使得有限元计算不能够较真实地反映节点的受力性能。由于 T 型钢有限元建模需引入接触分析,相对复杂,对于此类半刚性节点的非线性有限元模拟研究并不多见,试验数据反映的研究成果具有一定的局限性,不能深入分析节点的受力性能,研究成果无法被工程技术人员及设计人员采用,且尚无相应的技术规范可循。因此,制约了 T 型钢连接件连接的半刚性节点的研究和应用。所以,为了研究半刚性梁柱连接节点在循环往复荷载作用下,节点在不同受力阶段,梁翼缘、腹板、柱翼缘、腹板以及节点域等关键部位的应力分布、发展规律及节点的延性等,本节在试验的基础上对梁柱连接进行三维有限元非线性数值分析,系统分析半刚性节点的受力性能。

3.5.2　模型建立及加载制度

本文建立了全尺寸钢框架半刚性梁柱连接节点有限元模型,模型几何尺寸与 3.3.1 节完全一致,由于试验分析已得出 T 型钢翼缘的厚度是影响节点承载力的主要因素,因此,在有限元分析计算时,以 T 型钢翼缘厚度为变化参数,建立与之相对应的节点模型深入分析节点的受力性能。

依据我国《钢结构设计规范》(GB 50017—2017),10.9 级 M22 高强螺栓的预拉力取 190 kN。

有限元计算同时考虑材料的非线性、大变形引起的几何非线性及 T 型钢与梁、柱及螺栓的接触非线性,采用牛顿-拉斐逊增量迭代方法求解。模型参数见表 3-11,几何模型和有限元模型如图 3-31 和图 3-32 所示。

表 3-11　模型参数表

标号	名称	T 型钢截面	材质	备注
JD1-1	框架边节点一	446×199×8×12	Q235B	长 4.2 m
JD1-2	框架边节点二	446×199×10×16	Q235B	长 4.2 m
JD2-1	框架中节点一	500×200×8×12	Q235B	长 3.0 m
JD2-2	框架中节点二	446×199×9×14	Q235B	长 3.0 m
JD2-3	框架中节点三	446×199×10×16	Q235B	长 3.0 m

梁、柱与 T 型件之间设置为摩擦接触,接触系数为 0.3。高强螺栓与 T 型件、高强螺栓与梁和柱均为摩擦接触,接触系数为 0.3。计算共设置 72 个接触对。考虑计算的时间成本,本文在进行有限元分析时,对梁、柱边远处的网格进行了稀疏处理。

本文分析的试件钢材均采用 Q235B,应力-应变本构关系采用考虑塑性效应的随动强化模型,其中高强螺栓本构关系模型采用的材料性质为理想弹塑性,屈服强度取 960 MPa。梁和柱采用多线性随动强化材料模型,其值按钢材拉伸试验方法测得工程应变-应力曲线,根据式(3-3)和式(3-4)将工程应力应变转换为真实应力应变。

$$\varepsilon = \ln(1 + \varepsilon_{\text{nom}}) \tag{3-3}$$

$$\sigma = \sigma_{\text{nom}}(1 + \varepsilon_{\text{nom}}) \tag{3-4}$$

其应力应变关系如表 3-12 所示。

表 3-12 名义应力应变与真实应力应变

	名义应力	名义应变	真实应力	真实应变	塑性应变
1	0	0.00000	0	0.00000	0.00000
2	200	0.00095	200.19	0.00095	0.0000
3	240	0.02500	246.00	0.02470	0.0235
4	280	0.05000	294.00	0.04880	0.0474
5	340	0.10000	374.00	0.09530	0.0935
6	280	0.15000	437.00	0.13980	0.1377
7	400	0.20000	480.00	0.18230	0.1800

在地震作用下,钢框架梁柱反弯点基本位于梁和柱的中间位置,本文在试验和有限元分析时,梁取半跨长,上下柱均取一半层高。柱顶荷载取轴向压力 600 kN,均布于柱顶面。柱顶采用远端约束,轴向位移自由,其余两个方向位移为零,各转角自由度均放开,柱底轴向、面内强轴方向约束、弱轴方向自由,梁端轴向位移自由、沿柱子轴向位移约束为零,另外一个方向位移约束。依据以上原则对节点进行建模,边柱节点模型详见图 3-31,中柱节点模型详见图 3-32。

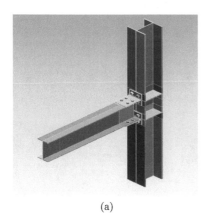
(a)

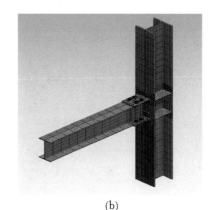
(b)

图 3-31 JD-1 模型

(a)几何模型;(b)有限元模型

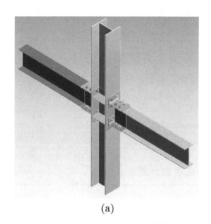 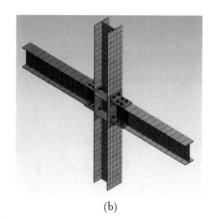

(a)　　　　　　　　　　　　　　　　(b)

图 3-32　JD2-1、JD 2-2 模型

(a)几何模型；(b)有限元模型

3.5.3　数值模拟结果及分析

3.5.3.1　JD1-1 结果分析

柱底沿强轴方向位移采用循环加载制度,增量取 7.42 mm,最大位移荷载 103.88 mm。第一荷载步为螺栓预拉力 190 kN,其余荷载步螺栓预拉力锁死,第二荷载步为柱顶轴向压力 600 kN,第三至最后的荷载步为柱底强轴方向的循环位移荷载。

（1）不同位移荷载作用下的变形分析

如图 3-33 至图 3-35 所示,在 2Δ 位移荷载作用下,JD1-1 节点整体变形协调,T 型钢与柱翼缘出现缝隙,缝隙较小。T 型钢与梁腹板保持接触。在 4Δ 位移荷载作用下,T 型钢与柱翼缘缝隙增大,约为 1.5 mm,梁翼缘与 T 型钢连接件缝隙也增大,缝隙约为 1.5 mm。

如图 3-36～图 3-38 所示,在 8Δ 位移荷载作用下,T 型钢与柱翼缘缝隙持续增大,最大缝隙约为 4.5 mm,梁翼缘与 T 型钢连接件缝隙同时扩展,最大缝隙约为 4.5 mm。

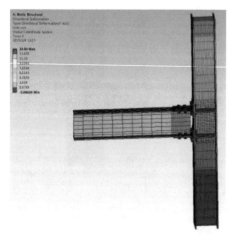 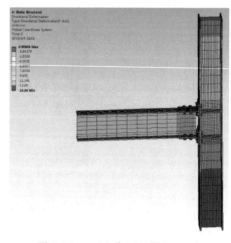

图 3-33　2Δ 变形云图（JD1-1）　　　　　　图 3-34　－2Δ 变形云图（JD1-1）

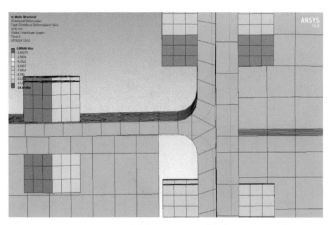

图 3-35　2Δ 位移荷载作用下 T 型钢连接处变形云图（JD1-1）

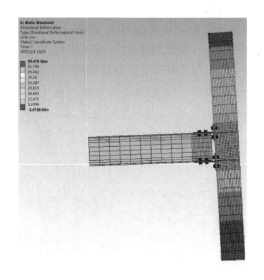

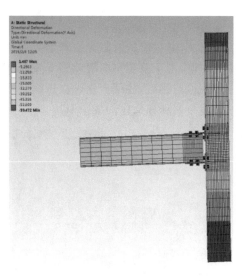

图 3-36　8Δ 变形云图（JD1-1）　　　　　　　图 3-37　－8Δ 变形云图（JD1-1）

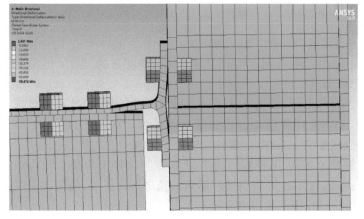

图 3-38　8Δ 位移荷载作用下 T 型钢连接处变形云图（JD1-1）

在 14Δ 位移荷载作用下,T 型钢与柱翼缘最大缝隙约为 7.5 mm,梁翼缘与 T 型钢连接件最大缝隙约为 8.5 mm,如图 3-39 所示。

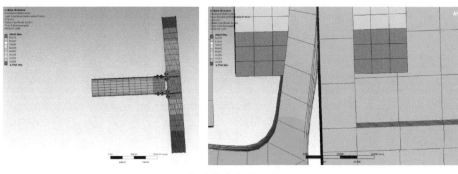

图 3-39　14Δ 位移荷载作用下变形云图(JD1-1)

如图 3-40 所示,在 14Δ 位移荷载作用下,试验中柱翼缘与 T 型钢连接件出现了缝隙,最大缝隙约为 7.5 mm,与有限元计算结果较为吻合。试验中梁翼缘与 T 型钢连接件也出现了缝隙,但缝隙值较有限元计算结果偏小。究其原因,一是试验加载影响因素较多,尤其是梁端约束,由于采用定向滑动铰支座和测力装置,梁与支座钢珠之间存在缝隙。二是试验中施加柱顶位移后,柱子产生轴向压缩变形,梁与柱接触的一端也随之发生轴向向下位移,使另一端与钢珠和支座的缝隙减小。

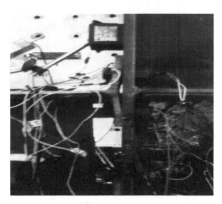 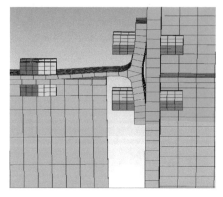

图 3-40　14Δ 位移荷载作用下试验与有限元对比(JD1-1)

(2)不同位移荷载作用下的应变分析

图 3-41 为 2Δ 位移荷载作用下 JD1-1 节点域的应变云图,在 2Δ 位移荷载作用下,最大应变发生在螺栓处,其余部位应变均较小。

图 3-42、图 3-43 分别为 8Δ 和 14Δ 位移荷载作用下 JD1-1 节点域的应变云图。在 8Δ 位移荷载作用下,T 型连接件倒角处的应变最大值为 5090 $\mu\varepsilon$。在 14Δ 位移荷载作用下,T 型连接件倒角处应变为 15633 $\mu\varepsilon$,塑性应变开始向梁端方向扩展。

分析应变计算结果可知,节点域的应变在 T 型连接件倒角处为较大值区域,随着位移荷载的增加,塑性铰区域先由 T 型连接件倒角的长度方向扩展,随后向两端扩展。

(3)不同位移荷载作用下的应力分析

在 2Δ 位移荷载作用下,节点域 T 型连接件的最大应力为 173.73 MPa,较大应力区域分布于 T 型连接件倒角处周围。在 4Δ 位移荷载作用下，节点域 T 型连接件的最大应力为 191.58 MPa，较大位移区域向梁端方向和柱子翼缘方向扩展。在 8Δ 位移荷载作用下，节点域 T 型连接件的最大应力为 207.89 MPa，较大应力区域向 T 型连接件周围及柱腹板、梁翼缘方向扩展。在 14Δ 位移荷载作用下，节点域 T 型连接件的最大应力为 245.98 MPa，最大应力向梁端方向发展。

图 3-44 为 14Δ 水平位移荷载作用下 JD1-1 上侧 T 型件倒角处的等效应力分布曲线，倒角处等效应力中间部位最大，由中间向两边逐渐降低。图 3-45 为梁上侧翼缘在 14Δ 水平位移荷载作用下的等效应力分布曲线，梁翼缘等效应力在梁根部最大，并在两排螺栓孔之间迅速减小，随后沿梁远端呈逐步降低趋势。

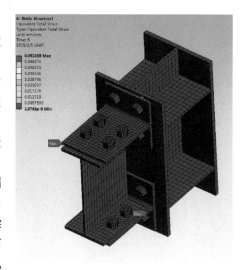

图 3-41　2Δ 位移荷载作用下的应变（JD1-1）

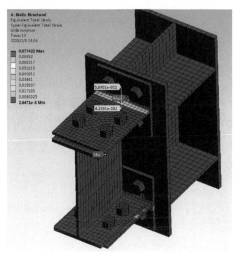

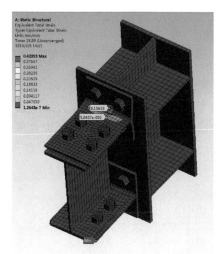

图 3-42　8Δ 位移荷载作用下的应变（JD1-1）　　图 3-43　14Δ 位移荷载作用下的应变（JD1-1）

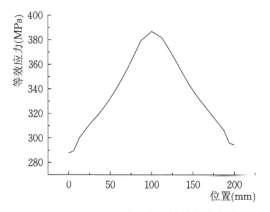

图 3-44　JD1-1 上侧 T 型件等效应力分布

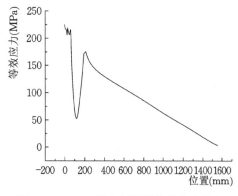

图 3-45　JD1-1 梁上侧翼缘等效应力分布

图 3-46 为 JD1-1 下侧 T 型连接件倒角处在 14Δ 水平位移荷载作用下的等效应力分布曲线,下侧 T 型连接件等效应力两边较小,整体呈马鞍状分布。图 3-47 为梁腹板与翼缘交界处在 14Δ 水平位移荷载作用下的等效应力分布曲线,在起始端等效应力最大,并在螺栓处出现波动趋势,沿梁远端呈下降趋势。因此,在梁翼缘和腹板的起始端可以采用切割四分之一圆来降低此处的应力水平。

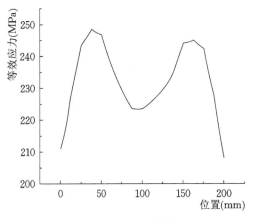

图 3-46　JD1-1 下侧 T 型件等效应力分布

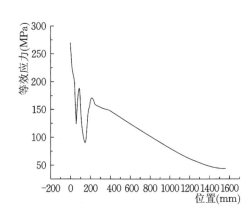

图 3-47　JD1-1 梁腹板等效应力分布

图 3-48 为 JD1-1 节点在 14Δ 水平位移荷载作用下柱翼缘的等效应力分布曲线,柱底由于处于荷载施加部位,等效应力处于较大水平,沿柱轴向向上逐渐递减,在梁柱连接区域出现波动并达到最大值,柱顶由于边界条件影响,应力水平亦处于较高水平。图 3-49 为两个加劲肋之间柱腹板在水平位移荷载作用下的等效应力分布,从曲线可知,柱腹板上最大等效应力并不处于柱翼缘与腹板、加劲肋三者之间的交汇点。

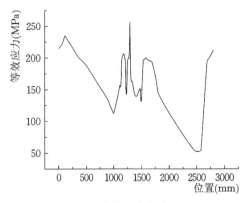

图 3-48　柱翼缘等效应力分布(JD1-1)

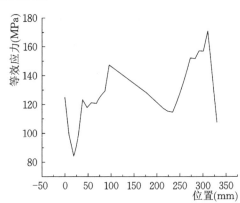

图 3-49　加劲肋之间柱腹板等效应力分布(JD1-1)

图 3-50 为 JD1-1 节点柱底反力-位移滞回曲线。试验中,滞回曲线具有轻微捏拢现象,主要是因为连接件、梁柱之间存在一定缝隙。有限元计算中,连接件与梁柱之间初始时为无缝接触,因此,滞回曲线更加饱满。总体上看,有限元结果反映出与试验相一致的滞回特性,JD1-1 滞回曲线呈"梭形",表现出较好的滞回特性。

图 3-51 为 JD1-1 节点的骨架曲线。加载初期,节点处于弹性阶段。加载位移为 Δy 时,

节点开始进入屈服状态。有限元分析结果与试验结果吻合度较好,节点具有明显的线弹性和非线性强化阶段。

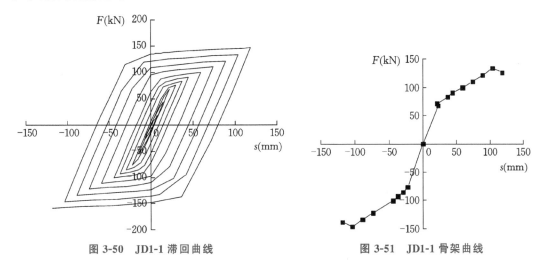

图 3-50　JD1-1 滞回曲线　　　　　图 3-51　JD1-1 骨架曲线

节点的刚度退化率反映了节点抗力随反复加载等级增加而刚度降低的规律。此处,采用下式计算每级荷载作用下的刚度:

$$K_i = \frac{|+F_i| + |-F_i|}{|+\Delta_i| + |-\Delta_i|} \qquad (3-5)$$

式中　$\pm F_i$——第 i 次循环时的最大正负水平荷载值;

　　　　$\pm\Delta_i$——第 i 次循环时的最大正负水平位移。

刚度退化率定义为:

$$\lambda_j = \frac{K_j}{K_0} \qquad (3-6)$$

JD1-1 的刚度退化曲线如图 3-52 所示。最终刚度退化为初始刚度的 36.6%。

图 3-53 为 JD1-1 的螺栓预拉力变化曲线。所有的螺栓预拉力逐步衰减损失,梁与 T 型件连接的螺栓预拉力损失得相对较小,图 3-53 中螺栓 3 受拉作用力损失为初始值的 26.3%。螺栓 4 受拉作用力衰减为初始值的 55.2%。柱与 T 型件连接的螺栓预拉力损失得相对较大,图 3-53 中螺栓 1 和 2 受拉作用力损失为初始值的 9.9%。表明:离柱翼缘较远的高强螺栓预拉力损失较大,而与柱翼缘相连的高强螺栓预拉力损失较小。

3.5.3.2　JD1-2 结果分析

柱底沿强轴方向位移采用循环加载制度,增量取 12.4 mm,最大位移荷载 124 mm。第一荷载步为螺栓预拉力 190 kN,其余荷载步螺栓预拉力锁死,第二荷载步为柱顶轴向压力 600 kN,第三至最后的荷载步为柱底强轴方向的循环位移荷载。

(1) 不同位移荷载作用下的变形分析

如图 3-54 至图 3-56 所示,在 1Δ 和 2Δ 位移荷载作用下,JD1-2 节点整体变形协调,T 型钢与柱翼缘出现缝隙,缝隙较小。T 型钢与梁腹板保持接触。在 2Δ 位移荷载作用下,T 型钢与柱翼缘缝隙增大,约为 1 mm,梁翼缘与 T 型钢连接件缝隙也增大,缝隙约为 1 mm。

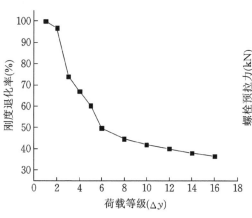

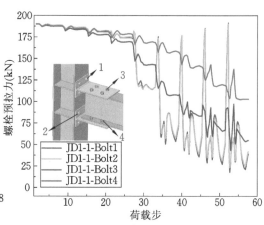

图 3-52 JD1-1 刚度退化曲线 　　　　　图 3-53 螺栓预拉力（JD1-1）

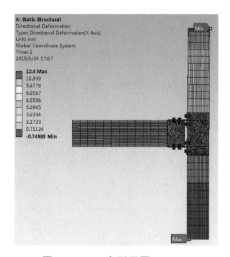

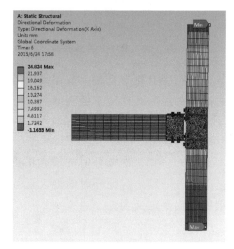

图 3-54 1Δ 变形云图（JD1-2）　　　　　图 3-55 2Δ 变形云图（JD1-2）

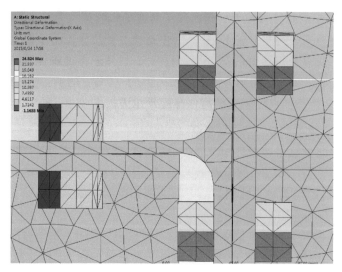

图 3-56 2Δ 位移荷载作用下 T 型钢连接处变形云图（JD1-2）

如图 3-57 至图 3-59 所示,在 3Δ、4Δ 位移荷载作用下,T 型钢与柱翼缘缝隙持续增大,最大缝隙约为 2.5 mm,梁翼缘与 T 型钢连接件缝隙同时扩展,最大缝隙约为 2.5 mm。

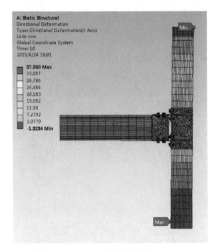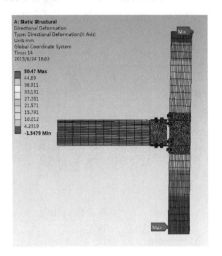

图 3-57 3Δ 变形云图(JD1-2)　　　　　图 3-58 4Δ 变形云图(JD1-2)

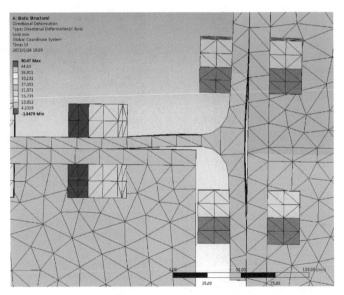

图 3-59 4Δ 位移荷载作用下 T 型钢连接处变形云图(JD1-2)

如图 3-60 至图 3-66 所示,在 5Δ～10Δ 位移荷载作用下,T 型钢与柱翼缘最大缝隙逐渐扩展,在 10Δ 位移荷载作用下,梁翼缘与 T 型钢连接件上下侧均出现缝隙,上侧最大缝隙约为 5.5 mm,下侧最大缝隙约为 4.5 mm。

综合比较 JD1-1 和 JD1-2 的变形计算结果,由于 JD1-2 的 T 型连接件翼缘和腹板厚度均增加了 2 mm,JD1-2 表现出更好的延展性,在水平位移荷载相当的情况下,JD1-2 的 T 型连接件与柱翼缘的缝隙较 JD1-1 小,且 JD1-2 的上下侧 T 型连接件均出现较大缝隙,破坏前的变形更为明显。

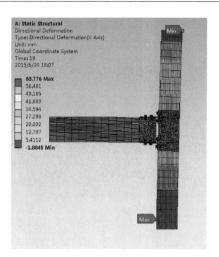

图 3-60　5Δ 变形云图(JD1-2)

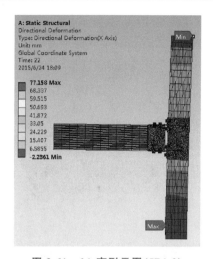

图 3-61　6Δ 变形云图(JD1-2)

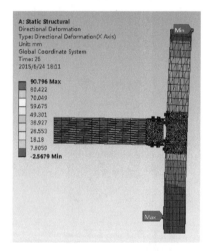

图 3-62　7Δ 变形云图(JD1-2)

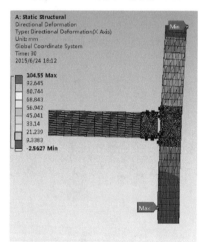

图 3-63　8Δ 变形云图(JD1-2)

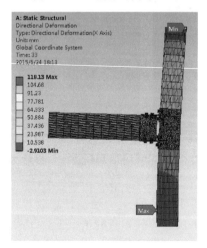

图 3-64　9Δ 变形云图(JD1-2)

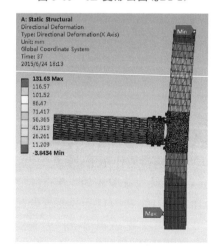

图 3-65　10Δ 变形云图(JD1-2)

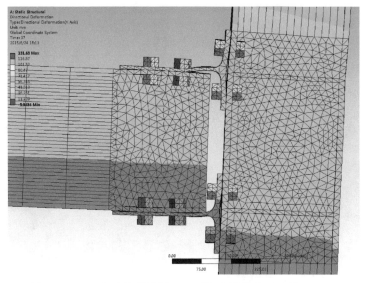

图 3-66 10Δ 位移荷载作用下 T 型钢连接处变形云图(JD1-2)

(2) 不同位移荷载作用下的应变分析

图 3-67 为 JD1-2 在 2Δ 位移荷载作用下节点域的应变云图,在 2Δ 位移荷载作用下,最大应变发生在螺栓处,其余部位应变均较小。

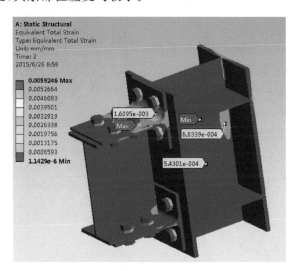

图 3-67 2Δ 位移荷载作用下的应变(JD1-2)

图 3-67、图 3-68、图 3-69 分别为 JD1-2 在 2Δ、8Δ、10Δ 位移荷载作用下节点域的应变云图,在 10Δ 位移荷载作用下,T 型连接件倒角处应变为 24988 $\mu\varepsilon$,塑性应变开始向梁端方向扩展。

综合比较 JD1-1 和 JD1-2 的应变计算结果,JD1-2 在相当水平位移荷载工况下,节点域的应变较 JD1-1 小,以 JD1-1 在 14Δ 位移荷载(98 mm)和 JD1-2 在 8Δ 位移荷载(99.2 mm)作用下为例,前者 T 型连接件倒角处的应变为 15633 $\mu\varepsilon$,而后者在该处的应变为 4853 $\mu\varepsilon$。连接件厚度的变化对应变的影响较为明显。

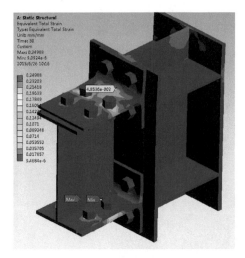

图 3-68　8Δ 位移荷载作用下的应变（JD1-2）

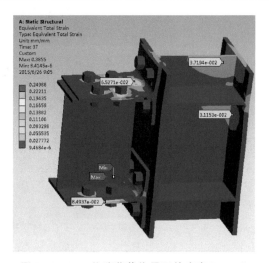

图 3-69　10Δ 位移荷载作用下的应变（JD1-2）

图 3-70 为 JD1-2 节点柱底反力-位移滞回曲线。与 JD1-1 一样，边节点滞回曲线呈"梭形"，表现出较好的滞回特性，反映出节点的塑性变形能力很强，具有良好的抗震性能和耗能能力。随着连接件厚度的增加，节点滞回曲线围成的面积更大，耗能能力增强。

图 3-71 为 JD1-2 节点骨架曲线。加载初期，节点处于弹性阶段。加载位移为 Δy 时，节点开始进入屈服状态，节点具有明显的线弹性和非线性强化阶段。

图 3-72 为 JD1-2 节点刚度退化曲线。节点刚度和刚度退化率的定义与前文一致。最终刚度退化为初始刚度的 30.3%。

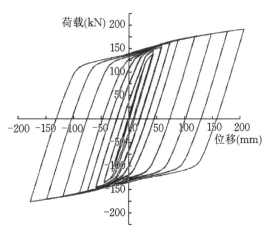

图 3-70　JD1-2 滞回曲线

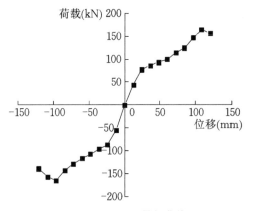

图 3-71　JD1-2 骨架曲线

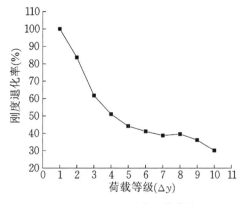

图 3-72　JD1-2 刚度退化曲线

图 3-73 为 JD1-2 的螺栓预拉力变化曲线。所有的螺栓预拉力逐步衰减损失,梁与 T 型件连接的螺栓预拉力损失得相对较小,图 3-73 中螺栓 3 受拉作用力损失为初始值的 25.2%。螺栓 4 受拉作用力衰减为初始值的 57.4%。柱和 T 型件连接的螺栓预拉力损失得相对较大,图 3-73 中螺栓 1 受拉作用力损失为初始值的 9.1%。表明在低周反复荷载作用下,高强螺栓预拉力的损失比较明显,特别是离柱翼缘较远处梁翼缘上的螺栓预拉力损失最大。

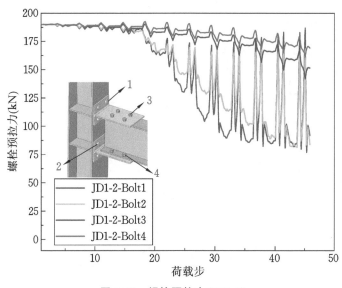

图 3-73　螺栓预拉力(JD1-2)

3.5.3.3　JD2-1 结果分析

柱底强轴方向位移采用循环加载制度,增量取 21.8 mm,最大位移荷载 130.8 mm。

第一荷载步为螺栓预拉力 190 kN,其余荷载步螺栓预拉力锁死,第二荷载步为柱顶轴向压力 600 kN,第三至最后的荷载步为柱底强轴方向的循环位移荷载,有限元计算的加载制度与试验的加载制度一致。

(1)不同位移荷载作用下的变形分析

如图 3-74 至图 3-76 所示,在 1Δ 位移荷载作用下,节点 JD2-1 整体变形协调,T 型钢与柱翼缘出现缝隙,缝隙较小,肉眼尚不能观测。T 型钢与梁腹板保持接触。在 2Δ 位移荷载作用下,T 型钢与柱翼缘缝隙增大,约为 0.5 mm;梁翼缘与 T 型钢连接件缝隙也增大,缝隙约为 0.5 mm。

如图 3-77、图 3-78 和图 3-79 所示,在 4Δ 位移荷载作用下,T 型钢与柱翼缘最大缝隙约为 2.4 mm,梁翼缘与 T 型钢连接件最大缝隙约为 1.2 mm。

如图 3-84 所示,在 6Δ 位移荷载作用下,T 型钢与柱翼缘最大缝隙约为 5 mm,梁翼缘与 T 型钢连接件最大缝隙约为 1.2 mm。

根据图 3-82 和图 3-83 结果显示,在 6Δ 位移荷载作用下,试验中柱翼缘与 T 型钢连接件出现了缝隙,最大缝隙约为 5 mm,与有限元计算结果较为吻合。试验中梁翼缘与 T 型钢连接件也出现了缝隙,但缝隙值较有限元计算结果偏小。究其原因,一是试验加载影响因素

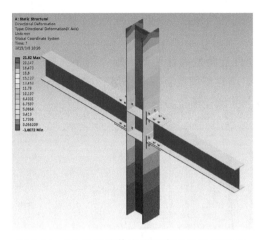

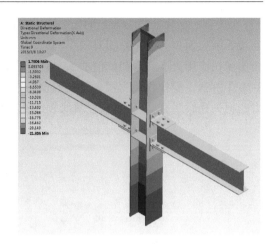

图 3-74　1Δ 位移荷载作用下变形云图（JD2-1）　　图 3-75　－1Δ 位移荷载作用下变形云图（JD2-1）

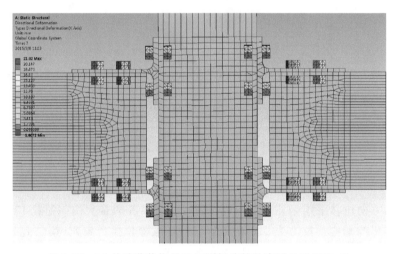

图 3-76　1Δ 位移荷载作用下 T 型钢连接处变形云图（JD2-1）

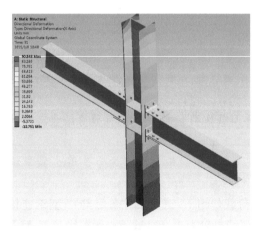

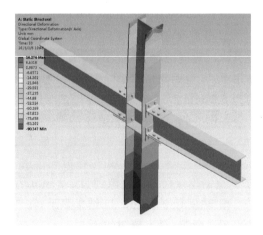

图 3-77　4Δ 位移荷载作用下变形云图（JD2-1）　　图 3-78　－4Δ 位移荷载作用下变形云图（JD2-1）

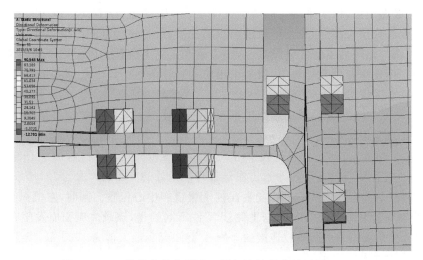

图 3-79　4Δ 位移荷载作用下 T 型钢连接处变形云图（JD2-1）

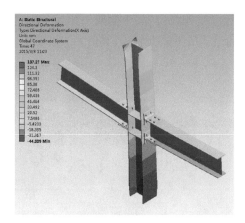

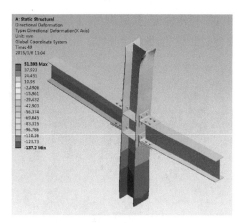

图 3-80　6Δ 位移荷载作用下变形云图（JD2-1）　　　图 3-81　－6Δ 位移荷载作用下变形云图（JD2-1）

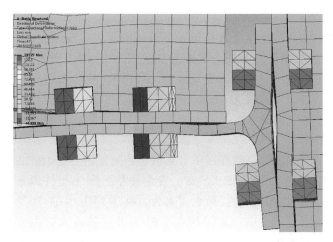

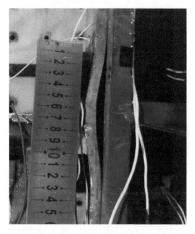

图 3-82　6Δ 位移荷载作用下 T 型钢连接处变形云图（JD2-1）　　　图 3-83　试验图片（JD2-1）

较多,尤其是梁端约束,由于采用定向滑动铰支座和测力装置,梁与支座钢珠之间存在缝隙。二是试验中施加柱顶位移后,柱子产生轴向压缩变形,梁与柱接触的一端也随之发生轴向向下位移,另一端与钢珠和支座的缝隙减小,整个梁产生向下位移。由于梁两端的位移量尚不能精确测量。因此在有限元计算中,梁端采用简支边界条件。

（2）不同位移荷载作用下的应变分析

图 3-84 为 JD2-1 在 1Δ 位移荷载作用下节点域的应变云图,在 1Δ 位移荷载作用下,T 型连接件倒角处的应变最大值为 4119 $\mu\varepsilon$。此时,节点域内柱的腹板最大应变为 4552 $\mu\varepsilon$,发生在柱子腹板的中心位置。在 2Δ 位移荷载作用下,塑性应变最先在柱子腹板的中心位置出现,其值为 3623 $\mu\varepsilon$。左侧梁与柱连接的上侧 T 型连接件倒角处的应变最大值为 13115 $\mu\varepsilon$。此时,节点域内柱的腹板最大应变为 9176 $\mu\varepsilon$,发生在柱子腹板的中心位置。同时,左侧梁与柱连接的下侧 T 型件应变最大值为 11058 $\mu\varepsilon$,与上侧 T 型件不同的是,该最大应变值发生在 T 型件靠近右侧螺栓孔的位置。右侧梁与柱连接的上侧 T 型件应变最大值为 4760 $\mu\varepsilon$,发生在倒角处。下侧 T 型件应变最大值为 4359 $\mu\varepsilon$,发生在腹板上。图 3-85 为 JD2-1 在 1Δ 位移荷载作用下节点域的塑性应变云图。塑性应变出现的范围迅速扩展,在柱子加劲肋上侧的柱子腹板和翼缘上也出现了塑性应变,其值为 9353 $\mu\varepsilon$。腹板中心位置塑性应变为 7874 $\mu\varepsilon$;上侧两个 T 型件倒角处均出现塑性应变,最大为 14451 $\mu\varepsilon$;下侧两个 T 型件腹板上均出现塑性应变,其值为 9308 $\mu\varepsilon$。

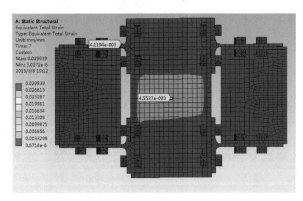 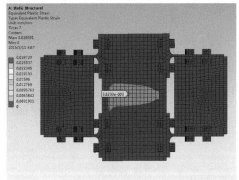

图 3-84　1Δ 位移荷载作用下的总应变（JD2-1）　　图 3-85　1Δ 位移荷载作用下的塑性应变（JD2-1）

图 3-86 至图 3-89 分别为 JD2-1 在 4Δ、6Δ 位移荷载作用下节点域的等效应变云图,限于篇幅所限,此处不再一一列举各部位的应变值。分析上述图 3-86 至图 3-89 的应变云图,可以看出:随着位移荷载的增加,节点域各部位应变值随之增大,并沿柱轴向从加劲肋和柱底向上发展。当荷载施加到 6Δ 时,柱翼缘最大应变为 68004 $\mu\varepsilon$,T 型连接件最大应变达到 70391 $\mu\varepsilon$,柱腹板与翼缘交界处最大应变为 64537 $\mu\varepsilon$。

（3）不同位移荷载作用下的应力分析

图 3-90、图 3-91 分别为 JD2-1 在 1Δ、4Δ 位移荷载作用下节点域的等效应力云图,在 1Δ 位移荷载作用下,节点域 T 型连接件的最大应力为 202.93 MPa,发生在左上侧 T 型件倒角处,下侧 T 型件最大应力为 199.5 MPa,柱中心部位腹板最大应力为 206.75 MPa。在 4Δ 位移荷载作用下,左上侧 T 型连接件的最大应力为 357.83 MPa,下侧 T 型件的最大应力为 358.03 MPa,发生在螺栓孔附近。柱中心处最大应力为 440.07 MPa,翼缘处最大应力为 283.08 MPa,发生在左上侧 T 型件翼缘上部周围。

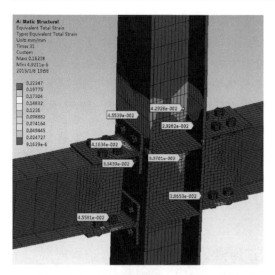

图 3-86　4Δ 位移荷载作用下总应变图（JD2-1）

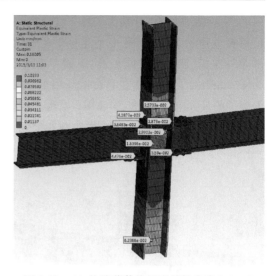

图 3-87　4Δ 位移荷载作用下塑性应变（JD2-1）

图 3-88　6Δ 位移荷载作用下总应变图（JD2-1）

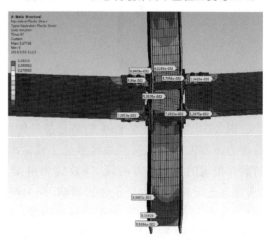

图 3-89　6Δ 位移荷载作用下塑性应变（JD2-1）

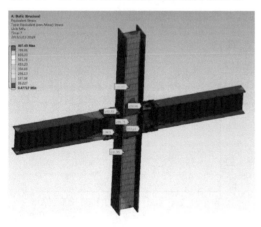

图 3-90　1Δ 位移荷载作用下的应力（JD2-1）

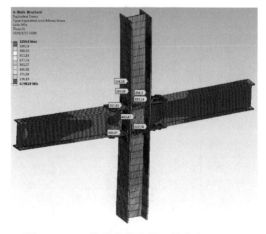

图 3-91　4Δ 位移荷载作用下的应力（JD2-1）

图 3-92、图 3-93 分别为 JD2-1 在 5Δ、6Δ 位移荷载作用下节点域的等效应力云图,在 5Δ 位移荷载作用下,左上侧 T 型连接件的最大应力为 470.71 MPa,应力继续向 T 型连接件周围及柱腹板、梁翼缘方向扩展,下侧 T 型件最大应力为 337.02 MPa,柱中心腹板处最大应力为 479.36 MPa。在 6Δ 位移荷载作用下,左上侧 T 型连接件的最大应力为 471.16 MPa,下侧 T 型件的最大应力为 435.94 MPa,发生在螺栓孔附近。柱中心处最大应力为 479.91 MPa,翼缘处最大应力为 283.08 MPa,发生在左上侧 T 型件翼缘上部周围。

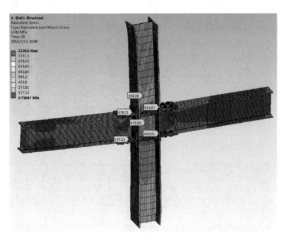
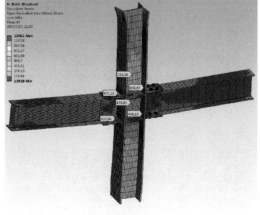

图 3-92　5Δ 位移荷载作用下的应力(JD2-1)　　图 3-93　6Δ 位移荷载作用下的应力(JD2-1)

图 3-94 为 JD2-1 左上侧 T 型连接件倒角处在 6Δ 位移荷载作用下的应力分布曲线,等效应力在靠近 T 型连接件边缘处处于较高水平。图 3-95 为 JD2-1 左侧梁翼缘处在 6Δ 位移荷载作用下的应力分布曲线,等效应力沿梁翼缘从 T 型件腹板边缘向梁端呈应力下降趋势,在靠近梁端由于边界条件的影响,应力略有上升。图 3-96 为 JD2-1 柱加劲肋上部柱腹板在 6Δ 位移荷载作用下的应力分布曲线,在靠近 T 型件翼缘处及柱顶应力处于较大水平,整体呈两头大中间小的趋势。图 3-97 为 JD2-1 柱翼缘在 6Δ 位移荷载作用下的应力分布曲线,在柱顶部,由于边界条件影响,等效应力处于较大水平,整体沿柱轴向向下呈上升趋势,在与梁连接的部位应力达到第二个峰值,随后降低,并在柱底部达到最大值。

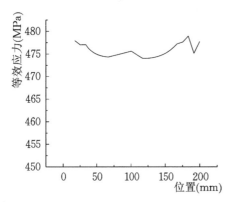
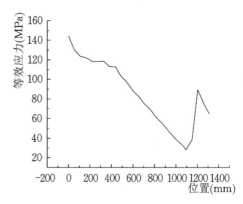

图 3-94　左上侧 T 型件倒角处应力分布(JD2-1)　　图 3-95　左侧梁翼缘处应力分布(JD2-1)

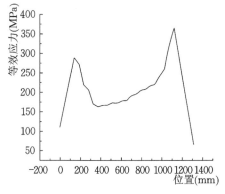

图 3-96 柱加劲肋上部柱腹板应力分布(JD2-1)

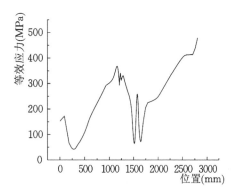

图 3-97 柱翼缘处应力分布(JD2-1)

图 3-98 为 JD2-1 节点柱底反力-位移滞回曲线。滞回曲线具有轻微"捏缩"效应。总体上看,有限元结果反映出与试验相一致的滞回特性。

图 3-99 所示为 JD2-1 节点的骨架曲线。加载初期,节点处于弹性阶段。加载位移为 Δy 时,节点开始进入屈服状态。有限元分析结果与试验结果吻合度较好,节点具有明显的线弹性和非线性强化阶段。

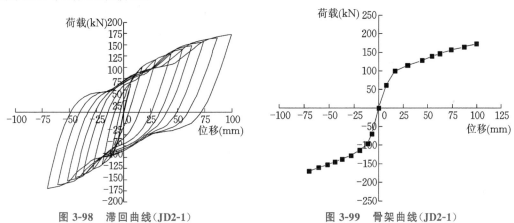

图 3-98 滞回曲线(JD2-1)　　　　　图 3-99 骨架曲线(JD2-1)

节点刚度和刚度退化率定义与前文一致,随着荷载等级的增加,节点刚度在初始刚度的基础上发生退化。如图 3-100 所示,节点最终刚度退化为初始刚度的 23.8%。

图 3-101 所示为 JD2-1 的螺栓预拉力变化曲线。所有的螺栓预拉力逐步衰减损失,梁与 T 型件连接的螺栓预拉力损失得相对较小,图 3-101 中螺栓 3 受拉作用力损失为初始值的 21.1%。螺栓 4 受拉作用力衰减为初始值的 53.9%。柱和 T 型件连接的螺栓预拉力损失得相对较大,图 3-101 中螺栓 1 和 2 受拉作用力损失为初始值的 9.5%。

3.5.3.4 JD2-2 结果分析

柱底强轴方向位移采用循环加载制度,增量取 14.6 mm,最大位移荷载 131.4 mm。

第一荷载步为螺栓预拉力 190 kN,其余荷载步螺栓预拉力锁死,第二荷载步为柱顶轴向压力 600 kN,第三至最后的荷载步为柱底强轴方向的循环位移荷载,有限元计算的加载制度与试验的加载制度一致。

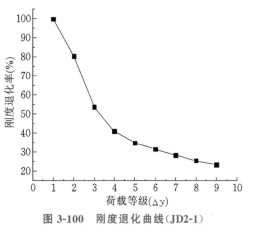

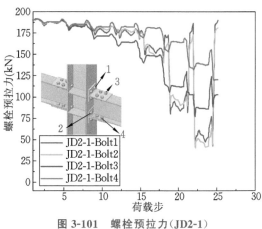

图 3-100 刚度退化曲线(JD2-1)   图 3-101 螺栓预拉力(JD2-1)

（1）不同位移荷载作用下的变形分析

如图 3-102、图 3-103 所示,在 1Δ 位移荷载作用下,JD2-2 节点整体变形协调,T 型钢与柱翼缘出现缝隙,缝隙较小,肉眼尚不能观测。T 型钢与梁腹板保持接触。

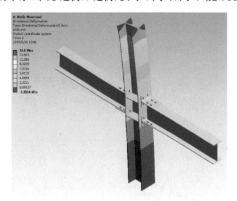

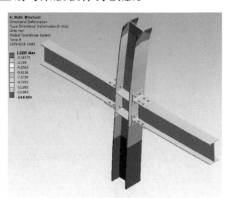

图 3-102 1Δ 位移荷载作用下变形云图(JD2-2)   图 3-103 -1Δ 位移荷载作用下变形云图(JD2-2)

如图 3-104 至图 3-106 所示,在 4Δ 位移荷载作用下,T 型钢与柱翼缘最大缝隙发生在右下侧,其值约为 2 mm,左上侧 T 型钢与柱翼缘最大缝隙为 0.75 mm。

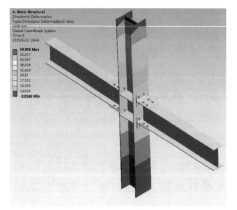

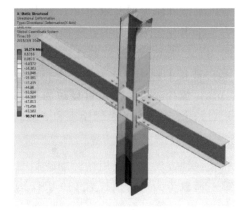

图 3-104 4Δ 位移荷载作用下变形云图(JD2-2)   图 3-105 -4Δ 位移荷载作用下变形云图(JD2-2)

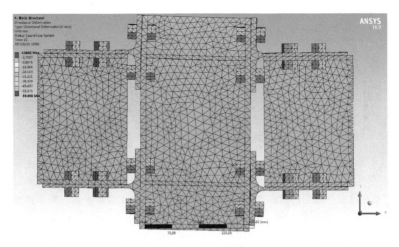

图 3-106　4Δ 位移荷载作用下 T 型钢连接处变形云图(JD2-2)

如图 3-107 和图 3-108 所示,在 6Δ 位移荷载作用下,T 型钢与柱翼缘最大缝隙发生在左下侧,约为 5 mm,右上侧 T 型钢与柱翼缘最大缝隙约为 2.5 mm,右下侧 T 型钢与柱翼缘最大缝隙为 2 mm。左上侧 T 型钢与柱翼缘保持接触。

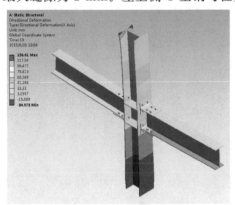

图 3-107　9Δ 位移荷载作用下
变形云图(JD2-2)

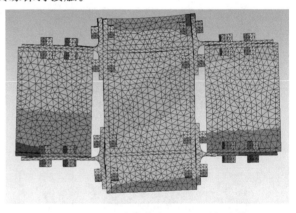

图 3-108　9Δ 位移荷载作用下 T 型钢连接处
变形云图(JD2-2)

(2) 不同位移荷载作用下的应变分析

图 3-109 为 JD2-2 在 1Δ 位移荷载作用下节点域的应变云图,在 1Δ 位移荷载作用下,T 型连接件倒角处的应变最大值为 1915 $\mu\varepsilon$。此时,节点域内柱的腹板最大应变为 1540 $\mu\varepsilon$,发生在柱子腹板的中心位置。在 1Δ 位移荷载作用下,塑性应变最先在柱子腹板的中心位置出现,其值为 645 $\mu\varepsilon$。左侧梁与柱连接的上侧 T 型连接件倒角处的应变最大值为 970 $\mu\varepsilon$(图 3-110)。

图 3-111 至图 3-114 分别为 JD2-2 在 4Δ、9Δ 位移荷载作用下节点域的等效应变云图,限于篇幅所限,此处不再一一列举各部位的应变值。分析上述应变云图,可以看出:随着位移荷载的增加,节点域各部位应变值随之增大,并沿柱轴向从加劲肋和柱底向上发展。当荷载施加到 9Δ 时,柱翼缘最大应变为 77718 $\mu\varepsilon$,T 型连接件最大应变达到 95028 $\mu\varepsilon$,柱腹板与翼缘交界处最大应变为 73215 $\mu\varepsilon$。

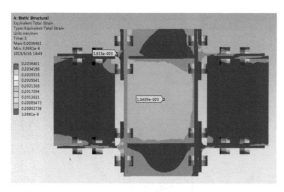

图 3-109　1△ 位移荷载作用下的总应变(JD2-2)

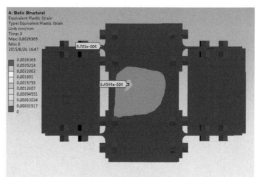

图 3-110　1△ 位移荷载作用下的塑性应变(JD2-2)

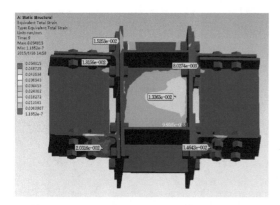

图 3-111　4△ 位移荷载作用下总应变(JD2-2)

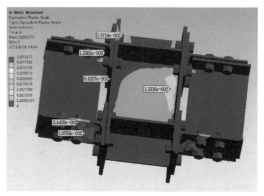

图 3-112　4△ 位移荷载作用下塑性应变(JD2-2)

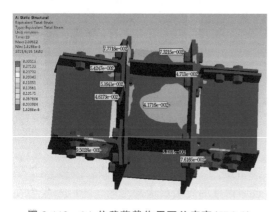

图 3-113　9△ 位移荷载作用下总应变(JD2-2)

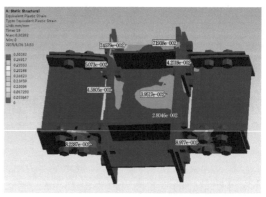

图 3-114　9△ 位移荷载作用下塑性应变(JD2-2)

（3）不同位移荷载作用下的应力分析

图 3-115、图 3-116 分别为 JD2-2 在 1△、4△ 位移荷载作用下节点域的等效应力云图，在 1△ 位移荷载作用下，节点域 T 型连接件的最大应力为 210.5 MPa,发生在左上侧 T 型连接件倒角处,下侧 T 型连接件最大应力为 169.24 MPa,柱中心部位腹板最大应力为 201.67 MPa。图 3-116 的情况不再一一赘述。

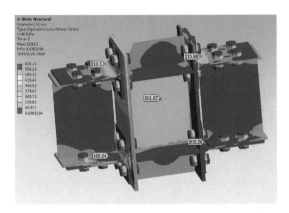

图 3-115 1Δ 位移荷载作用下的应力(JD2-2)

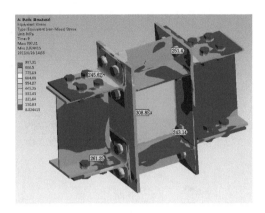

图 3-116 4Δ 位移荷载作用下的应力(JD2-2)

图 3-117、图 3-118 分别为 JD2-2 在－4Δ、9Δ 位移荷载作用下节点域的等效应力云图,在－4Δ 位移荷载作用下,左上侧 T 型连接件的最大应力为 270.26 MPa,应力继续向 T 型连接件周围及柱腹板、梁翼缘方向扩展,下侧 T 型件最大应力为 262.59 MPa,柱中心腹板处最大应力为338.41 MPa。在 9Δ 位移荷载作用下,左上侧 T 型连接件的最大应力为 442.1 MPa,下侧 T 型件的最大应力为 445.29 MPa,发生在螺栓孔附近。柱中心处最大应力为 479.95 MPa。

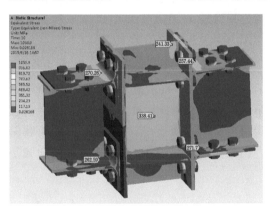

图 3-117 －4Δ 位移荷载作用下的应力(JD2-2)

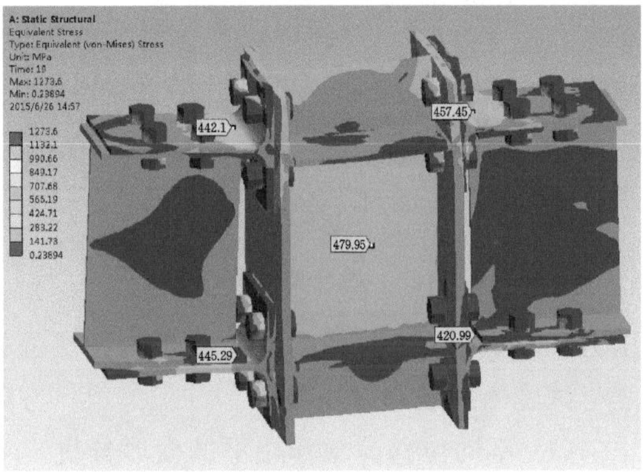

图 3-118 9Δ 位移荷载作用下的应力(JD2-2)

图 3-119 为 JD2-2 节点柱底反力-位移滞回曲线。滞回曲线具有轻微"捏缩"效应。总体上看,有限元结果反映出与试验相一致的滞回特性。

图 3-120 为 JD2-2 节点的骨架曲线。加载初期,节点处于弹性阶段。加载位移为 Δy 时,节点开始进入屈服状态。节点具有明显的线弹性和非线性强化阶段。

节点刚度和刚度退化率定义与前文一致,随着荷载等级的增加,节点刚度在初始刚

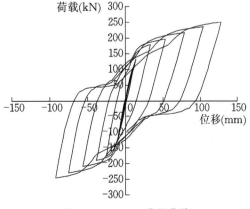

图 3-119 JD2-2 滞回曲线

度的基础上发生退化。如图 3-121 所示,节点最终刚度退化为初始刚度的 21.7%。

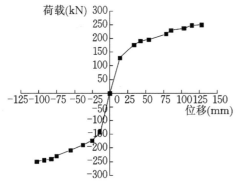

图 3-120　JD2-2 骨架曲线

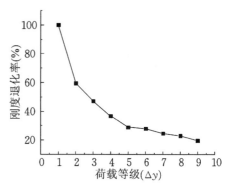

图 3-121　JD2-2 刚度退化曲线

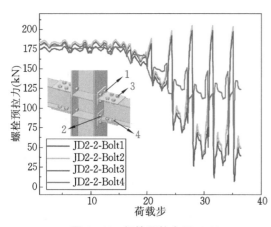

图 3-122　螺栓预拉力(JD2-2)

图 3-122 为 JD2-2 的螺栓预拉力变化曲线。所有的螺栓预拉力逐步衰减损失。图 3-122 中螺栓 3 受拉作用力损失为初始值的 6.6%。螺栓 4 受拉作用力衰减为初始值的 27.4%。柱和 T 型件连接的螺栓预拉力损失相对较大,图 3-122 中螺栓 1 和 2 受拉作用力损失为初始值的 19.7%。

3.5.3.5　JD2-3 结果分析

增量取 10.9 mm,最大位移荷载 119.9 mm。第一荷载步为螺栓预拉力 190 kN,其余荷载步螺栓预拉力锁死,第二荷载步为柱顶轴向压力 600 kN,第三至最后的荷载步为柱底强轴方向的循环位移荷载,有限元计算的加载制度与试验的加载制度一致。

（1）不同位移荷载作用下的变形分析

如图 3-123 至图 3-124 所示,JD2-3 在 1Δ 位移荷载作用下,节点整体变形协调,T 型钢与柱翼缘出现缝隙,缝隙较小,缝隙主要出现在下侧两个 T 型连接件翼缘与柱翼缘间,右上侧 T 型件翼缘与柱翼缘亦有很小的缝隙。T 型钢与梁翼缘保持接触。

如图 3-125 和图 3-126 所示,在 4Δ 位移荷载作用下,T 型钢与柱翼缘缝隙增大,约为 0.25 mm,梁翼缘与 T 型钢连接件缝隙也增大,缝隙约为 0.15 mm。

当在 6Δ 位移荷载作用下,T 型钢与柱翼缘最大缝隙约为 0.38 mm,发生在左下侧 T 型连接件与柱翼缘接触面上,右上侧 T 型连接件与柱翼缘的缝隙约为 0.30 mm,梁翼缘与 T 型钢连接件最大缝隙约为 0.25 mm,发生在右下侧 T 型件腹板与梁翼缘的接触面上。

如图 3-127 和图 3-128 所示,在 8Δ 位移荷载作用下,JD2-3 的 T 型钢与柱翼缘最大缝隙约为 1.0 mm,发生在左下侧 T 型连接件与柱翼缘接触面上,右上侧 T 型连接件与柱翼缘的缝隙约为 0.7 mm,梁翼缘与 T 型钢连接件最大缝隙约为 0.5 mm,发生在右下侧 T 型件腹板与梁翼缘的接触面上。

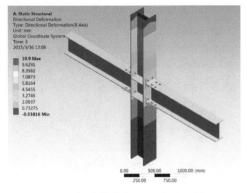

图 3-123   1Δ 位移荷载作用下变形云图（JD2-3）

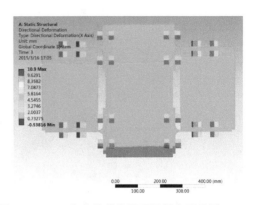

图 3-124   1Δ 位移荷载作用下局部变形云图（JD2-3）

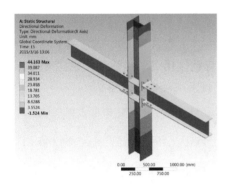

图 3-125   4Δ 位移荷载作用下变形云图（JD2-3）

图 3-126   4Δ 位移荷载作用下局部变形云图（JD2-3）

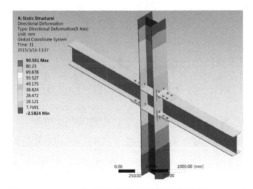

图 3-127   8Δ 位移荷载作用下变形云图（JD2-3）

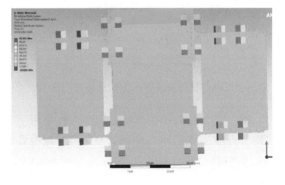

图 3-128   8Δ 位移荷载作用下局部变形云图（JD2-3）

如图 3-129 和图 3-130 所示,在 11Δ 位移荷载作用下,JD2-3 的 T 型连接件与柱翼缘最大缝隙约为 2.5 mm,梁翼缘与 T 型连接件最大缝隙约为 2.0 mm,右侧两个 T 型连接件与柱翼缘也出现缝隙,其中右下侧缝隙约为 0.6 mm,右上侧缝隙约为 1.6 mm。

分析变形云图,半刚性中框架节点随柱底受水平位移荷载的增加,各 T 型连接件与柱翼缘的接触面逐渐分离并产生缝隙,缝隙随荷载增大呈扩大趋势。在正方向的水平位移荷载作用下,左下侧和右上侧 T 型连接件与柱翼缘的缝隙较大,左上侧 T 型连接件与柱翼缘之间的缝隙并不明显,甚至没有缝隙。右下侧 T 型连接件与梁翼缘的缝隙较其他各处都大。

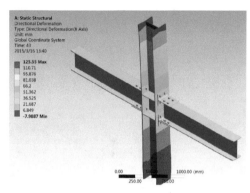 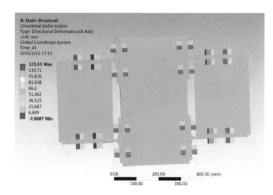

图 3-129　11Δ 位移荷载作用下变形云图（JD2-3）　图 3-130　11Δ 位移荷载作用下局部变形云图（JD2-3）

（2）不同位移荷载作用下的应变分析

图 3-131 为 JD2-3 在 1Δ 位移荷载作用下节点域的应变云图，在 1Δ 位移荷载作用下，T 型连接件倒角处的应变最大值为 569 $\mu\varepsilon$。此时，节点域内柱的腹板最大应变为 388 $\mu\varepsilon$，发生在柱子腹板的中心位置。图 3-132 为 JD2-3 在 1Δ 位移荷载作用下节点域的塑性应变云图，分析应变计算结果，在 1Δ 水平位移荷载作用下，节点域尚未出现塑性变形。

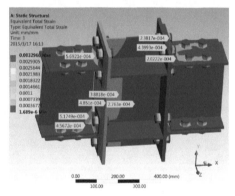 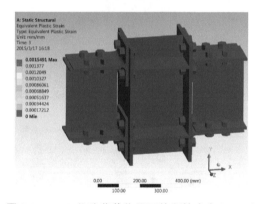

图 3-131　1Δ 位移荷载作用下的总应变（JD2-3）　图 3-132　1Δ 位移荷载作用下的塑性应变（JD2-3）

图 3-133 为 JD2-3 在 4Δ 位移荷载作用下节点域的应变云图。在 4Δ 位移荷载作用下，试件节点域周围的总应变值持续增大，并沿柱轴向向上扩展。柱腹板最大应变为 983 $\mu\varepsilon$，右下侧 T 型件最大应变发生在螺栓周围，最大值为 1048 $\mu\varepsilon$，左上侧 T 型件最大应变发生在倒角处，最大值为 1102 $\mu\varepsilon$，右上侧 T 型件最大应变为 1658 $\mu\varepsilon$，发生在腹板上。柱翼缘最大应变为 940 $\mu\varepsilon$，发生在左上侧 T 型件翼缘上方处。

图 3-134 为 JD2-3 在 4Δ 位移荷载作用下节点域的塑性应变云图，在 4Δ 位移荷载作用下，在左侧梁梁端翼缘与腹板交界处塑性应变随荷载增加而增大，最大塑性应变为 3865 $\mu\varepsilon$，左下侧 T 型件倒角处出现塑性应变，最大为 1116 $\mu\varepsilon$，发生在倒角部位，左上侧 T 型件和右上侧 T 型件也出现塑性应变，发生在 T 型连接件的腹板上，左上侧 T 型件最大塑性应变值为 1029 $\mu\varepsilon$，右上侧 T 型件最大应变为 1139 $\mu\varepsilon$。柱右侧梁的梁端翼缘与腹板处也出现了塑性应变，其值为 647 $\mu\varepsilon$。

图 3-135 和图 3-137 分别为 JD2-3 在 8Δ 和 11Δ 水平位移荷载作用下节点域的等效应变云图，限于篇幅所限，此处不再一一列举各部位的应变值。分析上述应变云图，可以看出：随着

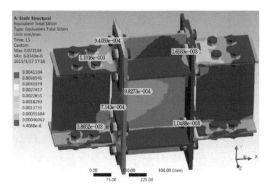

图 3-133 4Δ 位移荷载作用下总应变图（JD2-3）

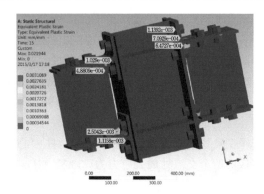

图 3-134 4Δ 位移荷载作用下塑性应变（JD2-3）

位移荷载的增加,节点域各部位应变值随之增大,并在节点域由中心向四周扩散,沿柱轴向从加劲肋和柱底向上发展。当荷载施加到 11Δ 时,柱翼缘最大应变为 31339 $\mu\varepsilon$,T 型连接件最大应变达到 20369 $\mu\varepsilon$,柱腹板最大应变为 21798 $\mu\varepsilon$,梁翼缘与腹板交接点最大应变为 44022 $\mu\varepsilon$。

图 3-136 和图 3-138 分别为 JD2-3 在 8Δ 和 11Δ 位移荷载作用下节点域的塑性应变云图,随着位移荷载的增加,柱翼缘和腹板的塑性应变迅速扩展。在 11Δ 水平位移荷载作用下,柱腹板的最大塑性应变为 20376 $\mu\varepsilon$,翼缘处最大塑性应变为 29586 $\mu\varepsilon$,T 型连接件最大塑性应变为 17731 $\mu\varepsilon$,发生在右下侧 T 型件的腹板上。梁腹板上的最大塑性应变为 42621 $\mu\varepsilon$。

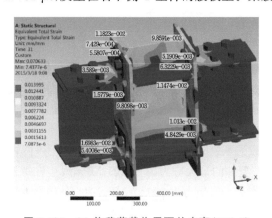

图 3-135 8Δ 位移荷载作用下总应变（JD2-3）

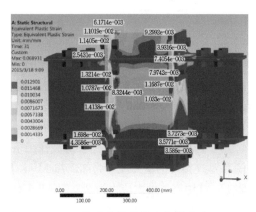

图 3-136 8Δ 位移荷载作用下塑性应变（JD2-3）

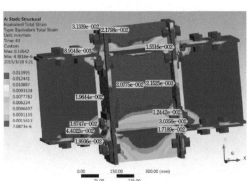

图 3-137 11Δ 位移荷载作用下总应变（JD2-3）

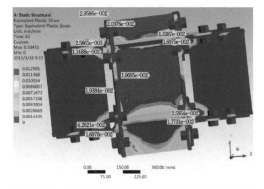

图 3-138 11Δ 位移荷载作用下塑性应变（JD2-3）

（3）不同位移荷载作用下的应力分析

图 3-139、图 3-140 分别为 JD2-3 在 1Δ、2Δ 位移荷载作用下节点域的等效应力云图，在 1Δ 位移荷载作用下，节点域 T 型连接件的最大应力为 120.66 MPa，发生在左上侧 T 型件倒角处，下侧 T 型件最大应力为 80.096 MPa，柱中心部位腹板最大应力为 75.768 MPa。在 2Δ 位移荷载作用下，左上侧 T 型连接件的最大应力为 184.54 MPa，应力逐步向梁端方向和柱子翼缘方向扩展。下侧 T 型件的最大应力为 174.45 MPa，发生在 T 型件腹板靠近螺栓孔的位置，左侧梁梁端腹板与翼缘交点处最大应力为 190.57 MPa，柱中心部位的最大应力为 105.37 MPa，加劲肋区域内柱腹板的四个交点处最大应力为 133.82 MPa，左侧两个交点处的应力大于右侧交点处的应力。

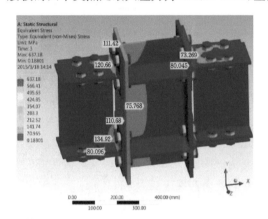
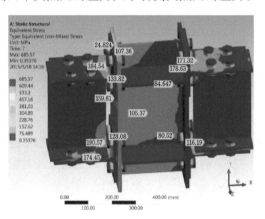

图 3-139　1Δ 位移荷载作用下的应力（JD2-3）　　　图 3-140　2Δ 位移荷载作用下的应力（JD2-3）

图 3-141 为 JD2-3 在 4Δ 位移荷载作用下节点域的等效应力云图，在 4Δ 位移荷载作用下，左上侧 T 型连接件的最大应力 184.81 MPa，下侧 T 型件的最大应力为 187.11 MPa，发生在螺栓孔附近。柱中心处最大应力为 196.76 MPa，四个交点处最大应力为 193.19 MPa，中心处的最大应力首次超过交点处的最大应力，翼缘处最大应力为 193.69 MPa，发生在左上侧 T 型件翼缘下方。

图 3-142 为 JD2-3 在 8Δ 位移荷载作用下节点域的等效应力云图，在 8Δ 位移荷载作用下，左上侧 T 型连接件的最大应力为 221.76 MPa，下侧 T 型件的最大应力为 212.05 MPa，发生在螺栓孔附近。柱中心处最大应力为 249.97 MPa，四个交点处最大应力为 230.97 MPa，中心处的最大应力大于四个交点处的最大应力，梁腹板处最大应力为 122.91 MPa，发生在左侧 T 梁梁端附近。

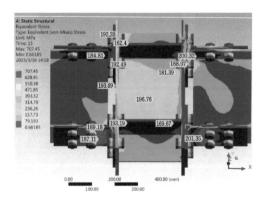
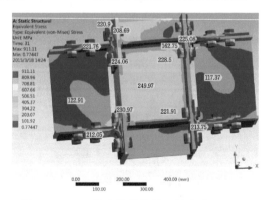

图 3-141　4Δ 位移荷载作用下的应力（JD2-3）　　　图 3-142　8Δ 位移荷载作用下的应力（JD2-3）

图 3-143 为 JD2-3 在 11Δ 位移荷载作用下节点域的等效应力云图,在 11Δ 位移荷载作用下,左上侧 T 型连接件的最大应力为 287.91 MPa,柱翼缘处最大应力为 267.17 MPa。下侧 T 型件最大应力为 263.83 MPa,发生在腹板上的螺栓孔附近。柱中心腹板处最大应力为 299.27 MPa。

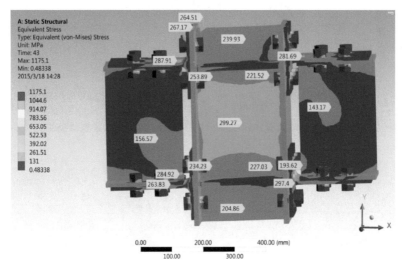

图 3-143　11Δ 位移荷载作用下的应力(JD2-3)

分析各位移荷载的应力云图,有以下现象:

(1) 节点域内柱腹板上的应力随水平位移荷载的增加而增大,在荷载较小时,加载侧的应力明显大于自由侧的应力,且靠近左侧处的应力大于中心点处的应力。当荷载增加到 6Δ 水平位移荷载时,两个加劲肋内柱腹板中心点的应力首次超过四个交点处的应力,并在随后的加载步中均大于四个交点附近的应力。另外,交点处的应力小于腹板其他位置的应力,这是由于加劲肋和梁翼缘的存在,分担了一部分应力。因此,在试验研究时,研究重点区域应该为中心点及四个交点周围。

(2) 梁端腹板与翼缘的交点处应力高于梁其他位置的应力,属于应力集中点,在加工制造时,可将此处开四分之一圆以避免较大应力。

(3) 随着位移荷载的增加,节点域的等效应力呈增大趋势,并由上侧 T 型件倒角、柱中心腹板、下侧 T 型件螺栓孔周围向远端发展。

图 3-144 为 JD2-3 的左上侧 T 型连接件倒角处在 11Δ 位移荷载作用下的应力分布曲线,等效应力在靠近 T 型连接件边缘处处于较高水平。图 3-145 为 JD2-3 的左侧梁翼缘处在 11Δ 位移荷载作用下的应力分布曲线,等效应力沿梁翼缘从 T 型件腹板边缘向梁端呈应力下降趋势,在靠近梁端由于边界条件的影响,应力略有上升。图 3-146 为节点域内柱腹板在 11Δ 位移荷载作用下从左向右的应力分布曲线,由于加载是在左侧翼缘上,故左侧等效应力较大、右侧等效应力较小,整体从左向右呈下降趋势。图 3-147 为柱翼缘在 11Δ 位移荷载作用下的应力分布曲线,在柱顶部,由于边界条件影响,等效应力处于较大水平,整体沿柱轴向向下呈上升趋势,在与梁连接的部位应力达到第二个峰值,随后降低,并在柱底部达到最大值。

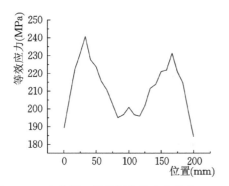

图 3-144 左上侧 T 型件倒角处应力分布（JD2-3）

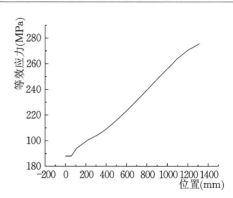

图 3-145 左侧梁翼缘处应力分布（JD2-3）

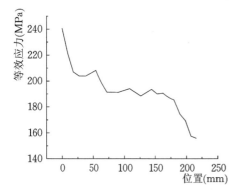

图 3-146 加劲肋上部柱腹板应力分布（JD2-3）

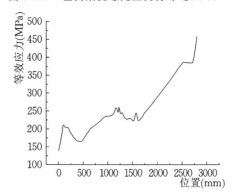

图 3-147 柱翼缘处应力分布（JD2-3）

图 3-148 为 JD2-3 节点柱底反力-位移滞回曲线。滞回曲线具有轻微"捏缩"效应。总体上看，有限元结果反映出与试验相一致的滞回特性。

图 3-149 为 JD2-3 节点骨架曲线。加载初期，节点处于弹性阶段。加载位移为 Δy 时，节点开始进入屈服状态。有限元分析结果与试验结果吻合度较好，节点具有明显的线弹性和非线性强化阶段。

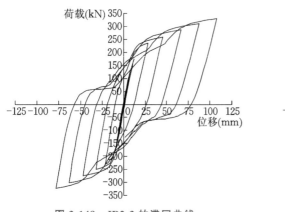

图 3-148 JD2-3 的滞回曲线

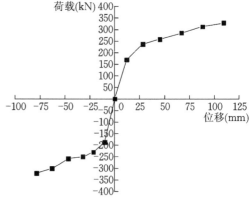

图 3-149 JD2-3 的骨架曲线

节点刚度和刚度退化率定义与前文一致，随着荷载等级的增加，节点刚度在初始刚度的基础上发生退化。如图 3-150 所示，节点最终刚度退化为初始刚度的 20.6%。

图 3-151 为螺栓预拉力变化曲线。所有的螺栓预拉力逐步衰减损失,梁与 T 型件连接的螺栓预拉力损失得相对较小,图 3-151 中螺栓 3 受拉作用力损失为初始值的 25.3%。螺栓 4 受拉作用力衰减为初始值的 59.2%。柱和 T 型件连接的螺栓预拉力损失得相对较大,图 3-151 中螺栓 1 和 2 受拉作用力损失为初始值的 12.1%。

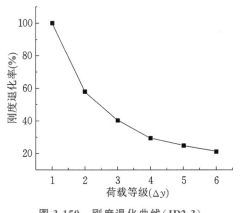

图 3-150　刚度退化曲线(JD2-3)

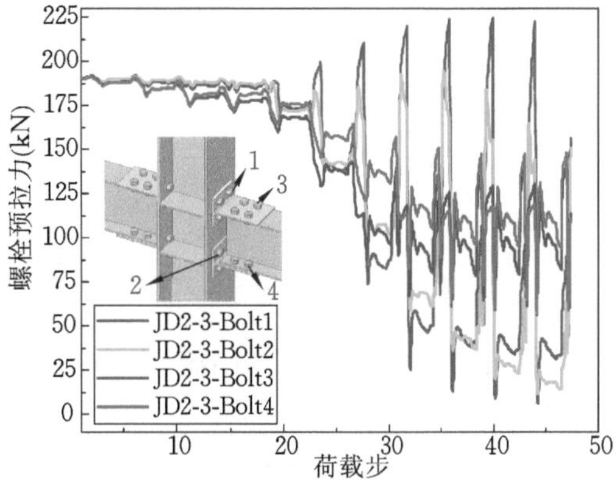

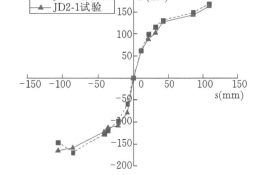

图 3-151　JD2-3 的螺栓预拉力

图 3-152、图 3-153、图 3-154 分别为 JD1-1、JD2-1、JD2-3 节点有限元与试验骨架曲线对比图。有限元分析结果与试验结果吻合度较好。图 3-155 为边节点和中框架节点有限元与试验骨架曲线对比图,从图中可看出,中框架节点承载力高于边节点极限承载力。

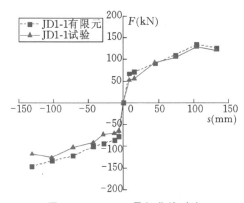

图 3-152　JD1-1 骨架曲线对比

图 3-153　JD2-1 骨架曲线对比

3.5.4　有限元分析结论

通过 5 个剖分 T 型钢梁柱连接 JD1-1、JD1-2、JD2-1、JD2-2、JD2-3 有限元数值模拟,可以得出以下结论:

(1) 在低周反复荷载作用下,T 型钢翼缘与腹板交接处(倒角处)应变发展最快,首先在此处发生屈服,形成塑性铰,从而使 T 型钢翼缘与柱翼缘发生脱离,产生较大间隙,当间隙发展到一定程度后分析停止。

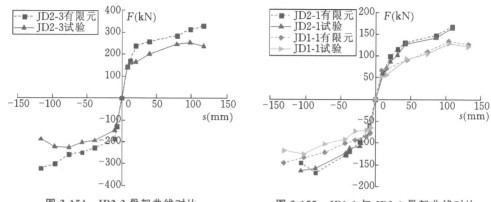

图 3-154 JD2-3 骨架曲线对比　　　图 3-155 JD1-1 与 JD2-1 骨架曲线对比

（2）在分析过程中，T 型钢倒角处应力发展最快，等效应力中间部位最大，并由中间向两边逐渐降低。

（3）节点域的应变发展较快，当 T 型钢首先屈服后，节点域接着屈服，并逐渐向节点域柱子加劲肋上侧的柱子腹板和翼缘延伸。

（4）离节点处较远的梁、柱应变发展较慢，分析结束时，也没有达到屈服应变。

本 章 小 结

本章通过 3 个 T 型钢梁柱连接低周反复荷载作用下的试验研究和有限元数值模拟可以得到以下结论：

（1）由于框架中节点处两侧都有梁的连接约束，因此相对来说屈服位移、屈服荷载、最大荷载均大于采用相同型号 T 型件的框架边节点的屈服位移、屈服荷载、最大荷载；而采用尺寸较大 T 型件的框架中节点连接的屈服位移、屈服荷载、最大荷载均大于采用尺寸较小 T 型件的框架中节点连接的屈服位移、屈服荷载、最大荷载。

（2）无论是在试验过程中还是在有限元分析过程中，各个梁柱连接节点最大应变均发生在 T 型件翼缘与腹板交界处，该处最先产生塑性铰；通过测量发现，在加载过程中，框架边节点和框架中节点一中 T 型件的变形远远大于框架中节点二中 T 型件的变形，因此，对于节点试验来说，T 型件的尺寸越小越容易发生较大变形，其耗能能力越强，节点域均进入塑性变形。说明 T 型钢是影响节点受力性能的主要因素。

（3）试验加载过程中各节点屈服以后的耗能系数都出现了先下降后上升的趋势，并且均是在 2 倍屈服位移处出现下降。这是由于节点进入塑性状态后，受力性能发生变化，改变了节点的传力特性。屈服区域和能量耗散主要来源于 T 型连接件，因此主要节点部件（即柱和梁）仍然在弹性范围内。由于 T 型连接件的塑性变形导致节点域的应力重新分布，节点试件强度的退化趋势优于传统的栓焊混合连接节点。

（4）循环加载下这种连接件形式的平面中柱和边柱节点的梁柱相对转角大于 0.03 rad，满足 AISC 和 FEMA 的要求，属于典型的半刚性节点。所有节点的滞回曲线饱满，具有良好的能量耗散能力，并且节点的等效黏滞阻尼系数在 0.22～0.34 之间。试验结果表明，能量耗散元件的几何结构合理,可为今后这类连接形式的梁柱节点设计奠定重要基础。

(5) 剖分 T 型钢梁柱连接由于节点处没有任何焊缝施工,避免了焊缝缺陷引起的脆性破坏,试验中表现出较好的延性性能和耗能特性,具有良好的抗震性能。

(6) 有限元分析能够较好地反映出节点的塑性变形特点,节点的塑性铰易于在 T 型连接件腹板和翼缘的交界处产生,且有限元分析与试验分析结果吻合程度较高。有限元分析弥补了试验研究的缺陷,并对节点的螺栓预拉力在循环荷载作用下进行了分析,分析得出所有节点试件的螺栓预拉力均有损失,边柱节点螺栓预拉力的退化趋势比中柱节点更明显。

4 T型钢连接平面钢框架抗震性能研究

4.1 引　言

本章对一个缩尺比例为 1:2 的两层单榀 T 型钢连接平面钢框架进行拟静力试验,通过试验研究 T 型钢连接钢框架在低周反复荷载作用下的受力性能,并采用有限元方法对 T 型钢翼缘厚度参数变化及柱子轴压对这种框架抗震性能的影响进行了研究,根据研究成果得出 T 型钢连接平面钢框架的耗能特性及抗震性能。

4.2　试　验　概　况

4.2.1　试验目的

通过电液伺服加载系统对剖分 T 型钢半刚性连接平面钢框架进行低周反复加载,分析在低周反复荷载作用下平面钢框架的节点域、剖分 T 型钢、节点附近梁柱翼缘及柱脚的应变、框架顶层水平位移等的变化规律,分析半刚性连接平面钢框架塑性铰出现顺序以及钢框架破坏模式,从而得到钢框架的滞回性能、耗能特性等抗震性能。

4.2.2　试件设计与制作

参照常用的民用建筑柱网跨度、层高、梁柱断面尺寸以及试验装置(比如液压伺服作动器和反力架)的实际情况,根据《钢结构设计标准》(GB 50017—2017)和《建筑抗震设计规范》(GB 50011—2010)等相关标准规定,设计一个缩尺比例为 1:2 的剖分 T 型钢连接平面钢框架模型。该钢框架模型为两层,总高度 4.2 m,底层层高 2.2 m,顶层层高 2.0 m。钢框架梁柱连接采用剖分 T 型钢连接,各构件的详细尺寸见表 4-1。对于框架梁,其翼缘的宽厚比为 $b/t=150/9=16.67$,腹板高厚比为 $h_0/t_w=194/6=32.33$;由于所有构件全部采用热轧型钢,构件局部稳定不用验算。柱脚采用 M36 地脚螺栓与试验加载底板连接,实际模型安装如图 4-1 所示。

表 4-1　试件各截面表

标号	名称	截面	材质	备注
梁	框架柱	HW175×175×8×11	Q235B	长 4.2 m
柱	框架梁	HM194×150×6×9	Q235B	长 3.0 m
剖分 T 型钢	T 型连接件	HM500×200×10×16	Q235B	长 0.15 m

试件的主要参数：试验模型的试件所采用的钢材均为热轧 H 型钢，牌号为 Q235B。采用的摩擦型高强螺栓强度等级和规格为 10.9 级 M16，螺栓连接面做喷砂处理，抗滑移系数为 0.45。试件的梁柱取自同一批 H 型钢，具有相同的力学特性。钢框架柱脚采用刚性连接，柱与柱脚底板采用双面角焊缝进行连接。柱脚加劲板均采用 8 mm 双面角焊缝进行连接。梁柱节点如图 4-2 所示，其中图 4-2(a)为梁柱节点连接示意图，柱上焊接两个加劲肋，用于增大柱腹板抗剪切变形的能力；梁柱采用剖分 T 型钢与高强螺栓进行连接。高强螺栓连接采用标定好的扭矩扳手进行施工，

图 4-1　柱脚安装

按照《钢结构设计标准》(GB 50017—2017)规定的预拉力，经过初拧和终拧两个步骤达到规范的预拉力。图 4-2(b)为试验模型中的梁柱节点施工图。

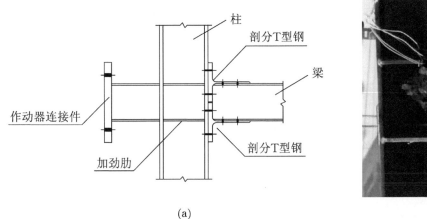
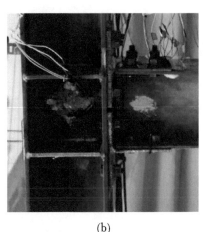

(a)　　　　　　　　　　　　　　　　　(b)

图 4-2　试验中钢框架结构节点

(a) 梁柱节点连接示意；(b) 试验模型中的梁柱节点施工图

4.2.3　试件的材料性能试验

钢材的材料性能试验为单向拉伸试验，根据《金属材料　拉伸试验　第 1 部分　室温试验方法》(GB/T 228.1—2010)，主要测定钢材的规定塑性屈服强度 $R_{P0.2}$、抗拉强度 R_m、伸长率等，为试验和数值分析提供相关参数。

本材料性能试验的试样分别从与框架中柱(HW175×175)、梁(HM200×150)同一批热轧 H 型钢的腹板和翼缘上截取，通过单轴拉伸试验得到各个试样的应力-应变曲线及主要材料参数，计算得到材料的屈服应变。各试样的主要材料性能参数见表 4-2。

表 4-2　钢材材性试验结果

编号	规格	材质	规定塑性延伸强度 $R_{P0.2}$（MPa）	抗拉强度 R_m（MPa）	伸长率 $\Delta L/L$（％）
1	HW175×175 翼缘	Q235B	275	430	32.0
2	HW175×175 腹板	Q235B	273	436	34.0
3	HM200×150 翼缘	Q235B	268	445	35.0
4	HM200×150 腹板	Q235B	285	437	36.0

4.2.4　试验装置

本试验系统装置主要由试验钢框架模型、反力墙、加载底板、伺服加载系统和数据采集系统组成。试验系统如图 4-3 所示,试验现场如图 4-4 所示。

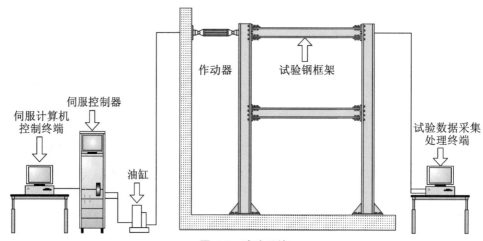

图 4-3　试验系统

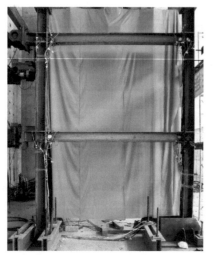

图 4-4　试验现场

试验荷载由作动器施加到试验模型上,试验中通过一个 1000 kN 的水平作动器,对试验模型顶层的柱子端部施加水平荷载;通过内置位移计和外置位移计测得框架顶层的位移响应;通过静态应变仪测得节点域、柱脚及梁柱截面的应变。由于本次试验研究重点是剖分 T 型钢梁柱连接对平面钢框架抗震性能的影响,因此,在试验中没有在柱顶施加竖向荷载,也没有考虑轴压比对钢框架抗震性能的影响。

4.2.5　试验加载方案

本次试验利用电液伺服加载系统的水平作动器对平面框架的顶层进行加载。在试验过程中,首先采用荷载控制的方法进行往复加载,通过观察加载过程中框架各处应变的变化,判定出该单榀两层平面框架的屈服位移,然后以屈服荷载为位移增量步长,进行多级低周反复循环加载。

为了观察加载过程中框架应变的变化和位移响应,将框架中的四个节点分为四个区,分别为1~4区,各个区的位置、应变片的分布及作动器的位置如图4-5所示。通过测量加载过程中各个位置应变和位移的变化情况,观察平面框架在位移加载条件下的各种变化趋势,得到框架顶层荷载-位移的滞回曲线、骨架曲线等特征曲线,从而对单榀平面框架的传力机制、破坏形态、耗能特性等进行深入研究。

试验开始时,首先采用荷载控制的方法,荷载以每5 kN的步长从零开始逐渐递增,对平面钢框架进行循环加载,每个级别循环两次,观察平面钢框架重要测点的应变变化。当部分关键点的应变达到屈服应变时,对应的框架顶层3区的位移计的读数可视为屈服位移。根据试验数据分析,试验中单榀两层平面钢框架的屈服位移为 $\Delta = 14.3$ mm,这个值并不是整个钢框架的屈服位移,只是为了加载需要,把这个值作为加载依据。此后通过框架顶层3区位移计的读数来控制试验的加载,通过位移控制对试件进行以14.3 mm为位移增量步长的逐级循环加载,每级循环两次,直至钢框架破坏。在本次试验中,钢框架只要出现下列情况之一,试验即终止:一是钢框架任何一个焊缝部位出现脆性断裂;二是钢框架梁柱连接出现比较大的变形;三是钢框架出现平面外失稳。试验加载步骤如图4-6所示。

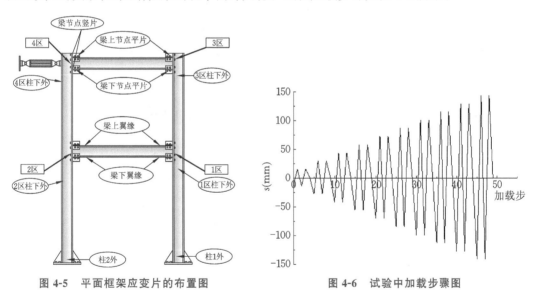

图4-5　平面框架应变片的布置图　　　　图4-6　试验中加载步骤图

4.3　试验结果及其分析

4.3.1　主要测点应变

通过贴在各关键部位的应变片测量出在整个加载过程中各部位的应变变化,下面选取部分关键区域的应变进行分析。

对 1 区节点处应变(图 4-7)进行分析。经过比较可知:节点处梁翼缘在加载过程中均处于弹性范围内,未达到屈服,且节点上梁翼缘的应变小于节点下梁翼缘的应变,如图 4-7(a)所示;在加载过程中节点处柱内的应变也处于弹性范围内,且节点上柱内的应变小于节点下柱内的应变,如图 4-7(b)所示;无论是节点上还是节点下,在加载过程中梁翼缘的应变始终大于柱内的应变,如图 4-7(c)、(d)所示,由此可见,此钢框架设计符合"强柱弱梁"的抗震设计原则。

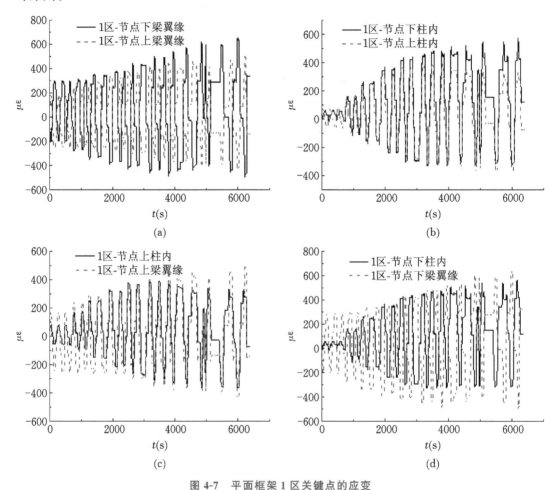

图 4-7　平面框架 1 区关键点的应变

(a) 节点处梁翼缘的应变;(b) 节点处柱内的应变;(c) 节点上柱内和梁翼缘的应变;(d) 节点下柱内和梁翼缘的应变

如图 4-8 所示为 2 区节点处应变变化情况。由图 4-8 可以看出:节点处 T 型钢水平处应变片(以后简称平片)的应变在 2 级加载(加载位移为 2 倍的屈服位移)时就进入了屈服阶段,且节点上 T 型钢平片的应变小于节点下 T 型钢平片的应变,如图 4-8(a)所示;在加载过程中节点处梁翼缘的应变始终处于弹性范围内,且节点上梁翼缘的应变大于节点下梁翼缘的应变,如图 4-8(b)所示;节点上柱外的应变在 10 级加载(加载位移为 10 倍的屈服位移)时即将达到屈服阶段,而节点下柱外的应变始终处于弹性范围内,且节点上柱外的应变大于节点下柱外的应变,如图 4-8(c)所示;在加载过程中柱内的应变始终小于柱外的应变,且这两处的应变在加载过程中均处于弹性范围内,如图 4-8(d)所示。

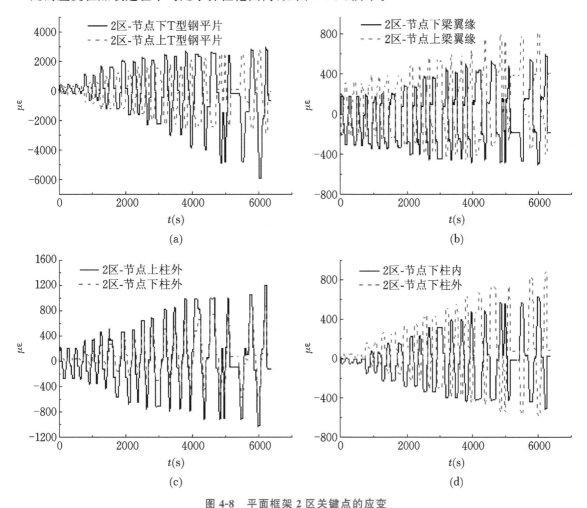

图 4-8 平面框架 2 区关键点的应变
(a)节点处 T 型钢平片的应变;(b)节点处梁翼缘的应变;(c)节点处柱外的应变;(d)节点下柱内和柱外的应变

如图 4-9 所示为 3 区节点处应变变化情况。由图 4-9 可以看出:在加载过程中节点上 T 型钢平片的应变大于节点下梁翼缘的应变,且加载过程中节点下梁翼缘始终处于弹性范围内,而节点上 T 型钢平片的应变在 2 级加载(加载位移为 2 倍的屈服位移)时就进入了屈服阶段,如图 4-9(a)所示;节点下柱内和节点上柱外的应变在加载过程中始终处于弹性范围内,如图 4-9(b)所示。由图 4-9 还可知:节点处的应变大小规律为 T 型钢平片的应变大于梁翼缘的应变,梁翼缘的应变大于柱上的应变。

如图 4-10 所示为 4 区节点处应变变化情况。由图 4-10 可以看出:在加载过程中节点处柱内的应变处于弹性范围内,且节点上柱内的应变小于节点下柱内的应变,如图 4-10(a)所示;节点处梁翼缘的应变在加载过程中均处于弹性范围内,未达到屈服,且节点上梁翼缘的应变大于节点下梁翼缘的应变,如图 4-10(b)所示;无论是节点上还是节点下,在加载过程中梁翼缘的应变始终大于柱内的应变,如图 4-10(c)、(d)所示。

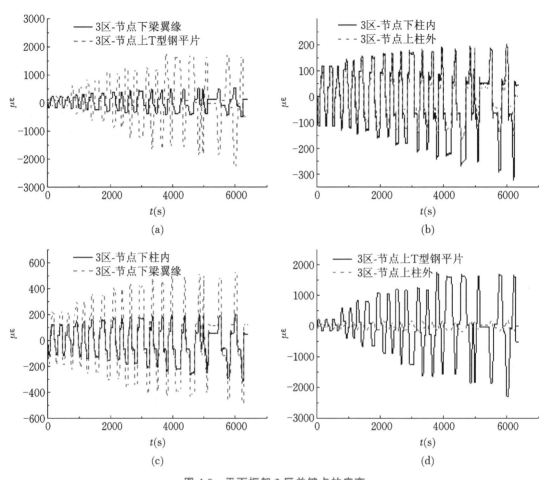

图 4-9　平面框架 3 区关键点的应变

（a）节点处 T 型钢平片和梁翼缘的应变；（b）节点处柱内和柱外的应变；
（c）节点下柱内和梁翼缘的应变；（d）节点上 T 型钢平片和柱外的应变

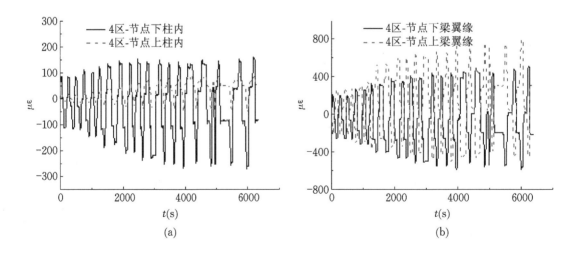

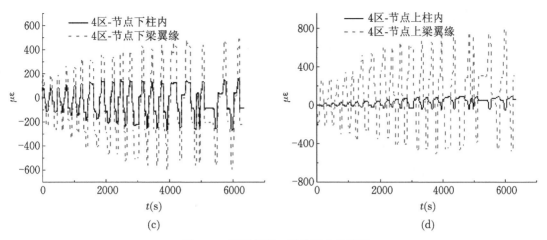

(c)   (d)

图 4-10   平面框架 4 区关键点的应变

（a）节点处柱内的应变；（b）节点处梁翼缘的应变；（c）节点下柱内和梁翼缘的应变；（d）节点上柱内和梁翼缘的应变

综上所述，在加载过程中，T 型钢首先发生屈服进入塑性阶段，其次是梁翼缘，然后是柱外侧，符合"强柱弱梁"的抗震设计要求。此外，T 型钢翼缘与腹板相交处应变最大，最先进入屈服，从而形成塑性铰。这和理论分析中剖分 T 型钢梁柱连接的破坏形式一致。由于 T 型钢首先屈服，并没有达到抗震设计规范要求的强节点弱构件的设计要求。因此，对于 T 型钢梁柱连接钢框架来说，T 型钢是整个连接的关键，也是直接影响钢框架性能的主要因素。

4.3.2 滞回曲线

在低周反复荷载作用下，经过多级加载，框架的侧向荷载-顶层 3 区位移的滞回曲线如图 4-11 所示。由图 4-11 可知，在试验中得到的顶层 3 区的滞回曲线具有明显的"捏缩"现象，并且曲线不光滑，有抖动现象，这主要是因为构件之间、构件与作动器连接处等无法避免存在间隙；试验得到的滞回曲线相对较饱满，说明 T 型钢连接钢框架具有较好的塑性变形能力，同时吸收地震波所释放能量的能力较强。

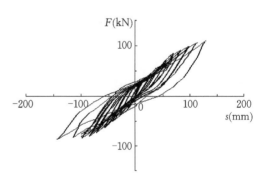

图 4-11   单榀两层平面框架顶层 3 区的滞回曲线

当框架上施加的位移为 10 倍的屈服位移，即 $s=143$ mm 时，平面钢框架出现明显平面外失稳，柱脚也出现局部屈曲，试验终止。最后一次循环所得到的钢框架的荷载-顶层位移曲线如图 4-12 所示。通过计算得出该加载条件下单榀两层平面框架的等效黏滞阻尼比如下：

$$\xi_{eq}=\frac{1}{2\pi}\frac{S_{(ABC+CDA)}}{S_{(OBE+ODF)}}=\frac{1}{2\pi}\times\frac{1.0166\times10^4}{0.7\times10^4+0.63\times10^4}=0.122 \tag{4-1}$$

根据式（4-1）可知，使用顶层位移计算得到的等效黏滞阻尼比为 0.122，对于实际的建筑结构，我国现行《建筑抗震设计规范》（GB 50011—2010）对阻尼比取值的规定是：结构阻尼比一般为 0.02～0.05。由等效阻尼比的定义可知,等效阻尼比越大,结构的耗能性能和抗震性能越好,剖分 T 型钢梁柱连接钢框架等效阻尼比为 0.122,远大于规范一般结构阻尼比,说明试验中的单榀两层平面框架具有很好的抗震性能和耗能特性。

4.3.3　骨架曲线

连接每个低周反复荷载级别的加载条件下荷载与位移均为最大的点,就可以得到加载过程中钢框架的骨架曲线。骨架曲线可以反映出框架在加载过程中所处的不同阶段各个时刻框架的屈服荷载、屈服位移、极限承载力等特性。在本次试验中,加载过程中作动器的力和框架顶层 3 区位移的变化,即框架的骨架曲线如图 4-13 所示。

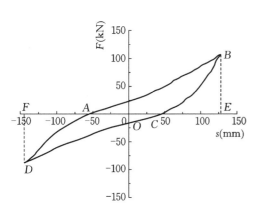

图 4-12　施加位移 $s=143$ mm 时框架单个循环的荷载-顶层位移曲线

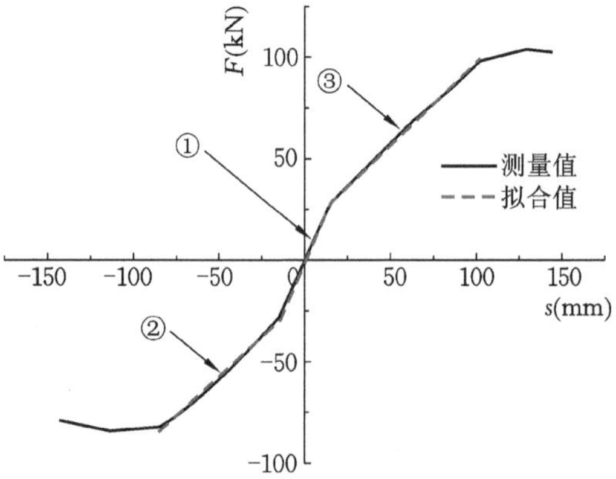

图 4-13　单榀两层平面框架顶层 3 区的骨架曲线

由图 4-13 可以看出,该框架的骨架曲线具有明显的三线式特征,即弹性段①,加载强化段②,承载力下降阶段③。在曲线开始进入加载强化段时,从骨架曲线可以看出钢框架刚度出现了退化。随着位移的增大,此后骨架曲线出现了下降趋势,框架发生破坏,试验停止。运用线性拟合的方法,分别对弹性段、加载强化段和承载力下降阶段进行了线性拟合,拟合曲线的方程依次为:

$$y=1.92x+0.5 \tag{4-2}$$
$$y=0.7675x-17.456 \tag{4-3}$$
$$y=0.812x+16.9557 \tag{4-4}$$

由骨架曲线可知该单榀两层平面框架的正向极限承载力(推)为 103.77 kN,反向极限承载力(拉)为 -82.27 kN,正向极限承载力和反向极限承载力的比值为 1.26。

该单榀两层平面框架受推时的延性系数为 9,受拉时的延性系数为 8,表明半刚性连接的框架结构具有很好的塑性变形能力,能够有效地抵抗地震的破坏,具有很好的抗震性能。

4.3.4　层间位移角

试验中通过位移计分别测量得到加载过程中 1 区和 3 区的位移变化,通过这两个位移计的读数及层高计算得到层间位移角的近似值,如表 4-3 所示。由《建筑抗震设计规范》(GB 50011—2010)可知,多、高层钢结构的弹塑性层间位移角的极值为 1/50。由表 4-3 可知,随着加载级数的增大,钢框架顶层的层间位移角逐渐增大;当平面钢框架加载至 5 倍屈服位移,即 $s=71.5$ mm 时,钢框架顶层的层间位移角超过了规范标准;当平面框架加载至 8 倍屈服位移,即 $s=114.4$ mm 时,钢框架底层的层间位移角也超过了规范标准。

表 4-3　加载过程中层间位移角的变化

位移($\times\Delta$)		1	2	4	5	6	8
层间位移角（mrad）	顶层	3.89	8.9	17.6	21.8	25.4	34.0
	底层	2.67	5.0	10.5	12.8	15.4	21.0

4.3.5　破坏形态

刚开始加载时,几乎看不出钢框架发生了变化,随着施加位移的增大,当加载位移为 4 倍屈服位移,即 $s=57.2$ mm 时,框架出现了巨大声响;当加载位移为 5 倍屈服位移,即 $s=71.5$ mm 时,4 区下节点板与柱翼缘之间被拉开分离,如图 4-14(a)所示,T 型件与柱翼缘之间没有出现拉开现象,并且在回归平衡位的过程中发出较大响声,这可能是由于各连接部分存在一些间隙引起的;当加载位移为 6 倍屈服位移,即 $s=85.8$ mm 时,4 区下节点板与柱翼缘之间被拉开的距离增大,如图 4-14(b)所示,T 型件与柱翼缘之间仍然没有出现拉开现象;当加载位移为 7 倍屈服位移,即 $s=100.1$ mm 时,框架开始出现平面外扭转现象,如图 4-15(a)所示;当加载位移为 9 倍屈服位移,即 $s=128.7$ mm 时,1 区上节点板与柱翼缘之间也出现了被拉开分离的现象,如图 4-16 所示;随着加载等级的进一步增大,当加载位移为 10 倍的屈服位移,即 $s=143$ mm 时,平面框架平面外的扭转现象进一步增大,如图 4-15(b)所示,这有可能是因为随着荷载的增加,4 区的 T 型钢发生了破坏,与作动器相连的框架柱的约束条件发生了变化,加载过程中荷载的传递路径发生了改变,使得框架发生了平面外失稳。

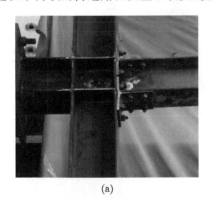 

(a)　　　　　　　　　　　　　　(b)

图 4-14　施加位移 $s=71.5$ mm 及 $s=85.8$ mm 时框架 4 区节点变形

(a) 施加位移 $s=71.5$ mm 时 4 区节点变形;(b) 施加位移 $s=85.8$ mm 时 4 区节点变形

当加载级数达到 10 级时,骨架曲线出现下降趋势,框架发生破坏,试验停止。经观察发现,框架的柱脚出现表皮剥落现象,如图 4-17 所示,说明该单榀两层平面框架发生破坏。此外,在结束加载后柱脚发生了平面外失稳,如图 4-18 所示,钢尺与柱脚之间存在缝隙,意味着柱脚发生了塑性变形,出现屈服。

(a)   (b)

图 4-15　施加位移 $s=100.1$ mm 及 $s=143$ mm 时框架的扭转变形

（a）$s=100.1$ mm 时框架的扭转变形；（b）$s=143$ mm 时框架的扭转变形

图 4-16　施加位移 $s=128.7$ mm 时框架 1 区节点变形

 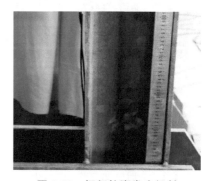

图 4-17　框架柱脚出现剥落现象　　　　图 4-18　框架柱脚发生倾斜

4.4　T型钢连接平面钢框架有限元分析

4.4.1　有限元分析模型基本情况

4.4.1.1　模型基本信息

根据试验试件的约束条件和实际尺寸,利用 ABAQUS 建立有限元分析模型。模型构件尺寸与实际试验模型保持一致,在保持其他参数不变的前提下,通过改变 T 型件翼缘厚度($t_1 = 14$ mm,$t_2 = 16$ mm,$t_3 = 18$ mm)作为控制变量,同时考虑轴压对框架的影响,共建立 6 个非线性有限元钢框架模型。框架模型和节点模型如图 4-19 所示。本节拟通过 T 型钢连接平面钢框架有限元模拟分析,研究不同翼缘厚度的 T 型钢连接钢框架在低周反复荷载作用下的受力性能,得到 T 型钢连接平面钢框架的耗能特性及抗震性能。模型各构件截面尺寸详见表 4-4。

表 4-4　各构件截面尺寸表

框架编号	框架梁	框架柱	连接件	是否施加竖向荷载
KJJDT14-ZY	HM194×150×6×9	HW175×175×8×11	TN250×200×9×14	是
KJJDT14	HM194×150×6×9	HW175×175×8×11	TN250×200×9×14	否
KJJDT16-ZY	HM194×150×6×9	HW175×175×8×11	TN250×200×10×16	是
KJJDT16	HM194×150×6×9	HW175×175×8×11	TN250×200×10×16	否
KJJDT18-ZY	HM194×150×6×9	HW175×175×8×11	TN250×200×11×18	是
KJJDT18	HM194×150×6×9	HW175×175×8×11	TN250×200×11×18	否

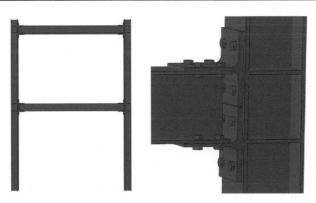

图 4-19　框架模型和节点模型

4.4.1.2　建模思路

钢框架构件均采用六面体单元,在梁柱节点、T 型件及螺栓等部位进行网格加密。首先施加 M16 螺栓预拉力,然后根据试验中轴压比施加柱轴压力,最后在顶层框架梁柱节点处施加位移循环荷载,框架每个区域的划分和试验一样,如图 4-20 所示。

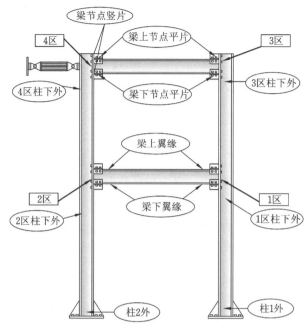

图 4-20　框架模型区域划分

4.4.1.3　本构模型

Q235B 钢材材料性能参数通过 WE-600A 万能材料试验机给出,检测依据为《金属材料拉伸试验 第 1 部分:室温试验方法》(GB/T 228.1—2010)及《金属材料 弯曲试验方法》(GB/T 232—2010)。上述试验数据在 ABAQUS 有限元中被定义为名义应力应变,但在有限元中需要材料的真实应力应变来定义塑性。材料真实应力(应变)与名义应力(应变)关系如下:

$$\varepsilon_{\text{true}} = \ln(1 + \varepsilon_{\text{nom}}) \tag{4-5}$$

$$\sigma_{\text{true}} = \sigma_{\text{nom}}(1 + \varepsilon_{\text{nom}}) \tag{4-6}$$

分析时材料考虑 Bauschinger 效应,采用 von Mises 屈服准则。

4.4.1.4　网格处理及边界条件

单元类型均采用六面体缩减积分单元(C3D8R),缩减积分单元可以解决单元刚度过大和挠度较小等完全积分单元中存在的问题。

两柱底采用固定端铰支座,采用 M16 螺栓施加螺栓预拉力 100 kN。根据《钢结构设计标准》(GB 50017—2017)的表 4.4.1 钢材的设计用强度指标,Q235 钢材的抗压、抗拉和抗弯的强度设计值为 215 N/mm²,考虑一级框架轴压比限值为 0.7,根据柱顶的截面面积 5074 mm² 计算出设计的轴压值为 763.7 kN,在框架顶部施加水平往复位移。

4.4.2　有限元结果分析

4.4.2.1　滞回特性分析

加载制度采用试验中的加载步骤,在循环位移反复作用下,经过多级位移加载,框架的侧向荷载-顶层4区位移曲线如图4-21至图4-26所示,该曲线称为滞回曲线,此曲线可以反映结构抗震性能的好坏和耗能能力的大小。

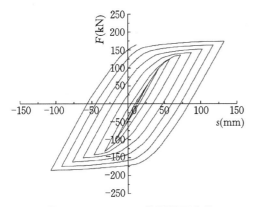

图 4-21　KJJDT14 模型滞回曲线

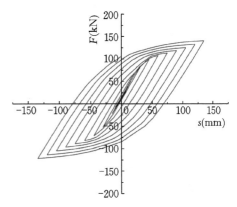

图 4-22　KJJDT14-ZY 模型滞回曲线

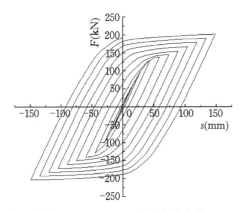

图 4-23　KJJDT16 模型滞回曲线

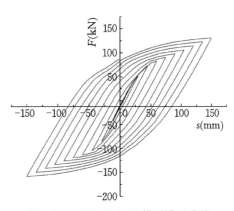

图 4-24　KJJDT16-ZY 模型滞回曲线

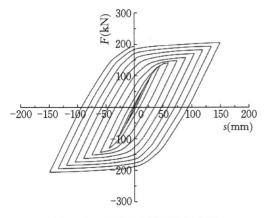

图 4-25　KJJDT18 模型滞回曲线

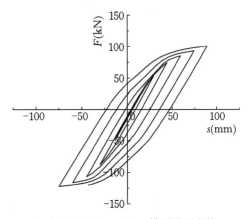

图 4-26　KJJDT18-ZY 模型滞回曲线

总体来看,T型钢连接平面钢框架的滞回曲线呈现为"梭形",表现出较好的滞回特性,在加载初期,表现出明显的线性,随着加载的进行,非线性特征比较明显,和试验相比,整个曲线比较光滑,没有出现抖动现象,主要原因是有限元分析时没有较多的加载辅助设施,忽略了实际试验的初始缺陷,各连接件之间没有初始误差;分析时在增加 T 型件翼缘厚度之后,框架的滞回曲线的饱满程度没有明显增强。

在柱顶施加轴压的情况下,不同 T 型件厚度的模型滞回曲线形状"偏瘦",与无轴压框架模型相比较,耗能能力减小。

4.4.2.2 承载力分析

有限元计算获得的不考虑轴压 KJJDT 和考虑轴压 KJJDT-ZY 系列模型框架承载力对比结果见表 4-5 和表 4-6。

表 4-5　无轴压系列框架屈服承载力有限元结果对比

模型编号	加载方向	屈服承载力 F_y(kN)	差值(kN)
KJJDT14	正向	48.4	0
	负向	−47.1	0
KJJDT16	正向	48.5	0.1
	负向	−47.7	−0.6
KJJDT18	正向	48.8	0.4
	负向	−48.1	−1.0

(1)屈服承载力分析

KJJDT14 的正向屈服承载力为 48.4 kN,KJJDT16 的正向屈服承载力比 KJJDT14 的正向屈服承载力大 0.1 kN,KJJDT18 的正向屈服承载力比 KJJDT14 的正向屈服承载力大 0.4 kN。KJJDT14 的负向屈服承载力为 47.1 kN,KJJDT16 的负向屈服承载力比 KJJDT14 的负向屈服承载力大 0.6 kN,KJJDT18 的负向屈服承载力比 KJJDT14 的负向屈服承载力大 1 kN。可以看出,对于无轴压框架,正向加载和负向加载承载力变化不大,在无轴压状态下提高 T 型钢的厚度可以增加结构的屈服承载力,但是增加的幅度不明显。

表 4-6　考虑轴压系列框架屈服承载力有限元结果对比

模型编号	加载方向	屈服承载力 F_y(kN)	差值(kN)
KJJDT14-ZY	正向	35.0	0
	负向	−62.4	0
KJJDT16-ZY	正向	52.0	17
	负向	−85.8	−23.4
KJJDT18-ZY	正向	33.8	−1.2
	负向	−70.2	−7.8

KJJDT14-ZY 的正向屈服承载力为 35.0 kN，KJJDT16-ZY 的正向屈服承载力比 KJJDT14-ZY 的正向屈服承载力大17 kN，KJJDT18-ZY 的正向屈服承载力比 KJJDT14-ZY 的正向屈服承载力小 1.2 kN。KJJDT14-ZY 的负向屈服承载力为 62.4 kN，KJJDT16-ZY 的负向屈服承载力比 KJJDT14-ZY 的负向屈服承载力大 23.4 kN，KJJDT18-ZY 的负向屈服承载力比 KJJDT14-ZY 的负向屈服承载力大 7.8 kN。从以上结果可以看出，在有轴压的状态下，正向加载和负向加载时的承载力差别较大，原因可能是在有轴压情况下框架柱及梁柱连接节点处于比较大的应力状况，当正向或负向加载时，其折算应力差别较大，导致正向和负向框架屈服承载力相差较大；当 T 型钢的腹板厚度小于柱子翼缘厚度时，增加 T 型钢的厚度会明显提高结构的屈服承载力，当 T 型钢的腹板厚度等于柱子翼缘厚度时，提高 T型钢的厚度虽然可以提高结构的屈服承载力，但是提高的效果不如前者。

表 4-7 至表 4-9 为三个不同框架无轴压和有轴压屈服承载力的结果对比。

表 4-7 KJJDT14 和 KJJDT14-ZY 框架屈服承载力对比

模型编号	加载方向	屈服承载力 F_y(kN)	差值(kN)
KJJDT14	正向	48.4	0
	负向	−47.1	0
KJJDT14-ZY	正向	35.0	−13.4
	负向	−62.4	−15.3

表 4-8 KJJDT16 和 KJJDT16-ZY 框架屈服承载力对比

模型编号	加载方向	屈服承载力 F_y(kN)	差值(kN)
KJJDT16	正向	48.5	0
	负向	−47.7	0
KJJDT16-ZY	正向	52.0	3.5
	负向	−85.8	−38.1

表 4-9 KJJDT18 和 KJJDT18-ZY 框架屈服承载力对比

模型编号	加载方向	屈服承载力 F_y(kN)	差值(kN)
KJJDT18	正向	48.8	0
	负向	−48.1	0
KJJDT18-ZY	正向	33.8	−15
	负向	−70.2	−22.1

KJJDT14 在不考虑轴压作用时，正向屈服承载力为 48.4 kN，负向屈服承载力为 47.1 kN，考虑轴压作用后，正向的屈服承载力减少了 13.4 kN，负向的屈服承载力增加了 15.3 kN。KJJDT16 在不考虑轴压作用时，正向屈服承载力为 48.5 kN，负向屈服承载力为 47.7 kN，考虑轴压作用后，正向的屈服承载力增加了 3.5 kN，负向的屈服承载力增加了 38.1 kN。KJJDT18

在不考虑轴压作用时,正向屈服承载力为 48.8 kN,负向屈服承载力为 48.1 kN,考虑轴压作用后,正向的屈服承载力减少了 15 kN,负向的屈服承载力增加了 22.1 kN。

(2) 极限承载力分析

表 4-10 和表 4-11 分别为无轴压系列框架和有轴压系列框架极限承载力对比。由表 4-10 可以看出,在无轴压情况下,KJJDT14 的正向极限承载力为 185.9N,KJJDT16 的正向极限承载力比 KJJDT14 的正向极限承载力大 18.2 kN,KJJDT18 的正向极限承载力比 KJJDT14 的正向极限承载力大 19.5 kN。KJJDT14 的负向极限承载力为 174.2 kN,KJJDT16 的负向极限承载力比 KJJDT14 的负向极限承载力大 29.6 kN,KJJDT18 的负向极限承载力比 KJJDT14 的负向极限承载力大 31.5 kN。以上结果说明在无轴压状态下增加 T 型钢的厚度可以提高结构的极限承载力。

表 4-10 无轴压系列框架极限承载力对比

模型编号	加载方向	极限承载力 F_u(kN)	差值(kN)
KJJDT14	正向	185.9	0
	负向	−174.2	0
KJJDT16	正向	204.1	18.2
	负向	−203.8	−29.6
KJJDT18	正向	205.4	19.5
	负向	−205.7	−31.5

表 4-11 有轴压系列框架极限承载力对比

模型编号	加载方向	极限承载力 F_u(kN)	差值(kN)
KJJDT14-ZY	正向	121.1	0
	负向	−141.1	0
KJJDT16-ZY	正向	130.4	9.3
	负向	−158.3	−17.2
KJJDT18-ZY	正向	93.6	−27.5
	负向	−122.7	18.4

由表 4-11 可以看出,在有轴压的情况下,KJJDT14-ZY 的正向极限承载力为 121.1 kN,KJJDT16-ZY 的正向极限承载力比 KJJDT14-ZY 的正向极限承载力大 9.3 kN,KJJDT18-ZY 的正向极限承载力比 KJJDT14-ZY 的正向极限承载力小 27.5 kN。KJJDT14-ZY 的负向极限承载力为 141.1 kN,KJJDT16-ZY 的负向极限承载力比 KJJDT14-ZY 的负向极限承载力大 17.2 kN,KJJDT18-ZY 的极限承载力比 KJJDT14-ZY 的负向极限承载力小 18.4 kN。以上结果说明,在考虑轴压的情况下,当 T 型钢的腹板厚度小于柱子翼缘厚度时,增加 T 型钢的厚度会明显提高结构的极限承载力,当 T 型钢的腹板厚度等于柱子翼缘厚度时,并不能提高结构的极限承载力,反而会有所降低。表 4-12 至表 4-14 为三个不同框架无轴压和有轴压极限承载力的结果对比。

表 4-12　KJJDT14 和 KJJDT14-ZY 框架极限承载力有限元结果对比

模型编号	加载方向	极限承载力 F_u(kN)	差值(kN)
KJJDT14	正向	185.9	0
	负向	−174.2	0
KJJDT14-ZY	正向	121.1	−64.8
	负向	−141.1	33.1

表 4-13　KJJDT16 和 KJJDT16-ZY 框架极限承载力有限元结果对比

模型编号	加载方向	极限承载力 F_u(kN)	差值(kN)
KJJDT16	正向	204.1	0
	负向	−203.8	0
KJJDT16-ZY	正向	130.4	−73.7
	负向	−158.3	45.5

表 4-14　KJJDT18 和 KJJDT18-ZY 框架极限承载力有限元结果对比

模型编号	加载方向	极限承载力 F_u(kN)	差值(kN)
KJJDT18	正向	205.4	0
	负向	−205.7	0
KJJDT18-ZY	正向	93.6	−111.8
	负向	−122.7	83.0

　　表 4-12 至表 4-14 为三个不同框架无轴压和有轴压极限承载力的结果对比。KJJDT14 在不考虑轴压作用时,正向极限承载力为 185.9 kN,负向极限承载力为 174.2 kN,考虑轴压作用后,正向的极限承载力减少了 64.8 kN,负向的极限承载力减少了 33.1 kN。KJJDT16 在不考虑轴压作用时,正向极限承载力为 204.1 kN,负向极限承载力为 203.8 kN,考虑轴压作用后,正向的极限承载力减少了 73.7 kN,负向的极限承载力减少了 45.5 kN。KJJDT18 在不考虑轴压作用时,正向极限承载力为 205.4 kN,负向极限承载力为 205.7 kN,考虑轴压作用后,正向的极限承载力减少了 111.8 kN,负向的极限承载力减少了 83 kN。以上结果说明增加轴压会降低结构的极限承载力。

　　在 KJJDT 系列(不考虑轴压作用)框架模型骨架曲线对比(图 4-27)中,在 4 倍屈服位移之前,三条曲线都呈线性增长,在 4 倍屈服位移之后,三条骨架曲线的强度增加变慢并呈非线性,5 倍屈服位移之后,KJJDT16 和 KJJDT18 的骨架曲线基本重合,KJJDT14 的强度低于 KJJDT16 和 KJJDT18。

　　在 KJJDT-ZY 系列(考虑轴压作用)框架模型骨架曲线对比(图 4-28)中,三条骨架曲线在 4 倍屈服位移之前都呈线性增长,在 4 倍屈服位移之后都呈非线性增长,KJJDT14-ZY 在 6 倍屈服位移后增长变缓,KJJDT16-ZY 在 5 倍屈服位移后增长减慢,KJJDT18-ZY 在 2 倍位移之后增长开始变缓慢。

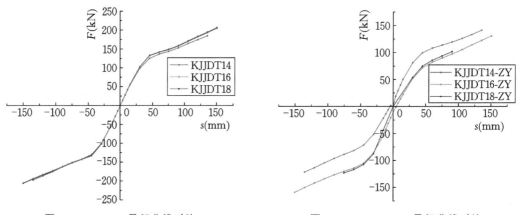

图 4-27　KJJDT 骨架曲线对比　　　　　　图 4-28　KJJDT-ZY 骨架曲线对比

在相同 T 型钢厚度框架模型骨架曲线对比(图 4-29)中,考虑轴压的框架模型承载力比没有考虑轴压的模型发展速度要缓慢,其屈服强度和极限强度相对于没有考虑轴压的框架模型来说都有所减小。

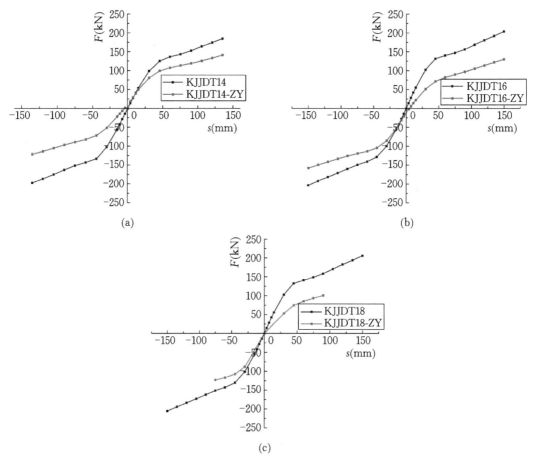

图 4-29　相同 T 型件翼缘厚度框架骨架曲线对比

4.4.2.3 框架侧向刚度对比分析

框架的侧向刚度采用下式进行计算,由于有限元计算采用位移控制,以屈服位移对应的侧向刚度为框架结构的初始侧向刚度。

$$K = \frac{|-F_y| + |F_y|}{2\Delta} \quad\quad (4-7)$$

由表 4-15 可知,在相同 T 型件翼缘厚度的情况下,考虑轴压的框架模型初始刚度明显小于不考虑轴压框架模型的初始侧向刚度。在考虑轴压的情况下,考虑轴压的框架模型中初始侧向刚度损失最大的是 T 型件翼缘厚度为 16 mm 的 KJJDT16-ZY 框架模型,其初始侧向刚度减小 38.8%,轴压对 KJJDT16 框架模型的初始侧向刚度影响最大。轴压对框架模型初始侧向刚度影响顺序:KJJDT16>KJJDT14>KJJDT18。

表 4-15 框架初始侧向刚度

模型编号	初始侧向刚度 ($\times 10^3$ kN/m)	差值($\times 10^3$ kN/m)	增幅百分比(%)
KJJDT14	3.73	−1.26	−33.8
KJJDT14-ZY	2.47		
KJJDT16	3.76	−1.46	−38.8
KJJDT16-ZY	2.30		
KJJDT18	3.78	−1.14	−30.2
KJJDT18-ZY	2.64		

如表 4-16 所示,不考虑轴压平面框架模型的初始侧向刚度大小排序:KJJDT18 > KJJDT16 >KJJDT14。随着 T 型件翼缘厚度的增加,不考虑轴压平面框架模型的初始侧向刚度也随之增大,增加的幅度比较小。KJJDT18 框架模型的初始侧向刚度最大。说明在不考虑轴压的框架模型中,T 型件翼缘厚度对框架承载力的改变很小,并且对框架初始侧向刚度的影响也是比较微小的。

表 4-16 无轴压框架模型的初始侧向刚度对比

模型编号	初始侧向刚度 ($\times 10^3$ kN/m)	差值($\times 10^3$ kN/m)	增幅百分比(%)
KJJDT14	3.73	0	0
KJJDT16	3.76	0.02	0.54
KJJDT18	3.78	0.04	1.1

如表 4-17 所示,在柱顶有轴压的情况下,平面框架的初始侧向刚度变化与 T 型件翼缘厚度变化不是呈正相关,考虑轴压的框架模型初始侧向刚度大小排序:KJJDT18-ZY > KJJDT14-ZY >KJJDT16-ZY。柱顶施加轴压对框架的抗侧刚度的影响比较复杂。在考虑轴压的框架模型中,框架侧向承载力较不考虑轴压框架模型初始侧向刚度减小。

表 4-17　有轴压框架模型的初始侧向刚度对比

模型编号	初始侧向刚度（$\times 10^3$ kN/m）	差值（$\times 10^3$ kN/m）	增幅百分比（%）
KJJDT14-ZY	2.47	0	0
KJJDT16-ZY	2.30	−0.17	−6.9
KJJDT18-ZY	2.64	0.17	6.9

由表 4-16 和表 4-17 可知,有轴压框架的初始侧向刚度增幅百分比大于无轴压框架的初始侧向刚度增幅百分比,说明在考虑轴压的情况下,T 型件翼缘厚度改变对框架的初始侧向刚度影响比较大。

4.4.2.4　延性对比分析

延性系数是反映试验构件塑性变形能力的一个指标,反映了结构构件抗震性能的好坏,按下式计算:

$$\mu = \frac{U_\text{u}}{U_\text{y}} \tag{4-8}$$

式中　U_u——试件的极限位移;

　　　U_y——试件的屈服位移。

表 4-18 为无轴压系列框架模型延性对比结果。由表 4-18 可知,无轴压系列模型 T 型件翼缘厚度增加时,会改变框架结构延性,T 型件翼缘厚度由 14 mm 增加到 16 mm 时,结构延性系数增加了 24.5%,T 型件翼缘厚度由16 mm 增加到 18 mm 时,结构延性系数没有继续增加。这说明 T 型件翼缘厚度增加到一定程度后,框架变形能力不再明显增加,框架节点域随着 T 型件翼缘厚度增加,改变了框架节点的传力特性,框架的变形产生了一定的影响。由表 4-18 可知,本次试验中几个模型在不加轴压时的屈服层间位移值都低于《建筑抗震设计规范》(GB 50011—2010)中 5.5 条规定的多、高层钢结构的弹性层间位移角限值1/250,符合规范要求。

表 4-18　无轴压系列框架模型延性对比

模型编号	屈服侧移 Δ（mm）	屈服层间位移角	结构延性系数
KJJDT14	12.8	$\theta_1 = 1/344$	9.4
		$\theta_2 = 1/313$	
KJJDT16	12.8	$\theta_1 = 1/344$	11.7
		$\theta_2 = 1/313$	
KJJDT18	12.8	$\theta_1 = 1/344$	11.7
		$\theta_2 = 1/313$	

考虑轴压框架系列模型 T 型件翼缘厚度增加时,会改变框架结构延性,T 型件翼缘厚度由 14 mm 增加到 16 mm 时,结构延性系数减小了 27.5%,T 型件翼缘厚度由 16 mm 增加到 18 mm 时,结构延性系数大小继续减小至 3.8,如表 4-19 所示。这主要是由于 T 型钢

厚度的增加,限制了节点间的转动能力,缩短了屈服位移到极限位移之间的发展过程,造成极限位移与屈服位移之间的比值减小,结构延性系数降低。T型件翼缘厚度增加到一定程度后,框架变形能力不再明显增加,框架节点域随着 T 型件翼缘厚度增加,改变了框架节点的传力特性,对框架的变形产生了一定的影响,但框架的抗震性能并不会一直可以通过增加 T 型件翼缘厚度来改善。

表 4-19　有轴压系列框架模型延性对比

模型编号	屈服侧移 △(mm)	屈服层间位移角	结构延性系数
KJJDT14-ZY	19.7	$\theta_1=1/200$	6.9
		$\theta_2=1/230$	
KJJDT16-ZY	30	$\theta_1=1/190$	5
		$\theta_2=1/109$	
KJJDT18-ZY	19.7	$\theta_1=1/303$	3.8
		$\theta_2=1/161$	

表 4-20 和表 4-21 给出了框架极限状态下的极限层间位移角和顶层极限荷载。根据表 4-20 和表 4-21 可知,无论是有轴压框架还是无轴压框架,框架的极限层间位移角都比较大,也即框架最终的极限变形较大,耗能能力较好;轴压系列模型 T 型件翼缘厚度增大,顶层极限荷载提高;框架施加竖向轴压后,顶层极限荷载相较于无轴压状态大幅降低,其主要原因是施加轴压后造成框架整体刚度降低,结构极限承载力下降。

表 4-20　KJJDT 框架极限状态

模型编号	极限侧移(mm)	极限层间位移角	顶层极限荷载(kN)
KJJDT14	120	$\theta_1=1/37$	$F=185.9$
		$\theta_2=1/33$	$-F=-174.2$
KJJDT16	150	$\theta_1=1/29$	$F=204.1$
		$\theta_2=1/27$	$-F=-203.8$
KJJDT18	150	$\theta_1=1/29$	$F=205.4$
		$\theta_2=1/27$	$-F=-205.8$

表 4-21　KJJDT-ZY 框架极限状态

模型编号	极限侧移(mm)	极限层间位移角	顶层极限荷载(kN)
KJJDT14-ZY	120	$\theta_1=1/30$	$F=121.1$
		$\theta_2=1/33$	$-F=-141.1$
KJJDT16-ZY	150	$\theta_1=1/36$	$F=130.4$
		$\theta_2=1/23$	$-F=-158.3$
KJJDT18-ZY	75	$\theta_1=1/56$	$F=93.6$
		$\theta_2=1/56$	$-F=-122.7$

4.4.2.5　能量耗散分析

试验结构构件的能量耗散能力,以荷载-变形滞回曲线所包围的面积来衡量,如图 4-30 所示,能量耗散系数 E 应按下式计算:

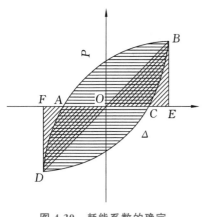

图 4-30　耗能系数的确定

$$E = \frac{S_{(ABC+CDA)}}{S_{(OBE+ODF)}} \qquad (4\text{-}9)$$

由计算可知,相同 T 型件翼缘厚度的框架模型,在考虑轴压之后,能量耗散系数减小的大小顺序为:KJJDT16＞KJJDT18＞KJJDT14(表 4-22)。在柱顶施加轴压之后,能量耗散系数都出现了减小,最大减小了 20.9％。这说明考虑轴压之后,框架的能量耗散性能大幅度减小。

表 4-22　能量耗散系数对比

模型编号	能量耗散系数	差值	增幅百分比(％)
KJJDT14	2.15	−0.34	−15.8
KJJDT14-ZY	1.81		
KJJDT16	2.30	−0.48	−20.9
KJJDT16-ZY	1.82		
KJJDT18	2.20	−0.39	−17.7
KJJDT18-ZY	1.81		

表 4-23 为无轴压系列框架能量耗散系数对比。由表 4-23 可知,随着框架模型 T 型件翼缘厚度的增加,能量耗散系数逐渐增大,说明框架的耗能性能越好,T 型件翼缘厚度由 14 mm 增加到 16 mm 时,框架的耗能性能增加比较明显,T 型件翼缘厚度由 16 mm 增加到 18 mm 时,框架的能量耗散系数反而减小,这说明增加 T 型钢翼缘厚度并不一定能提高框架的能量耗散能力。不考虑轴压影响框架模型能量耗散系数大小排序为:KJJDT16＞KJJDT18＞KJJDT14。

表 4-23　无轴压系列框架能量耗散系数对比

模型编号	能量耗散系数	差值
KJJDT14	2.15	0
KJJDT16	2.30	0.15
KJJDT18	2.20	0.05

不考虑轴压影响框架模型侧向极限承载力大小顺序为:KJJDT18＞KJJDT16＞KJJDT14,框架极限侧移大小为:KJJDT18＝KJJDT16＝150 mm＞KJJDT14＝120 mm,这样可以看出,框架 KJJDT16 的能量耗散性能最好。

表 4-24 为有轴压系列框架能量耗散系数对比。由表 4-24 可知,考虑轴压影响的框架模型,能量耗散系数的大小顺序为:KJJDT16＞KJJDT18＝KJJDT14。在柱顶施加轴压的情况下,随着框架模型 T 型件翼缘厚度的增加,能量耗散系数有一些增大但并不明显,T 型

件翼缘厚度由 14 mm 增加到 16 mm 时,框架的耗能性能增加一点,T 型件翼缘厚度由 16 mm增加到 18 mm 时,框架的能量耗散系数反而减小了0.01。这说明在考虑轴压的情况下,T 型件翼缘厚度的改变对能量耗散系数的改变影响很小。考虑轴压影响框架模型侧向极限承载力大小顺序为:KJJDT16-ZY>KJJDT14-ZY>KJJDT18-ZY,框架极限侧移大小为:KJJDT16-ZY=150 mm>KJJDT14-ZY=120 mm>KJJDT18-ZY=75 mm。对比表4-19、表 4-20 和表 4-21 可知,轴压对框架模型的能量耗散性能影响比较复杂。

表 4-24 有轴压系列框架能量耗散系数对比

模型编号	能量耗散系数	差值
KJJDT14-ZY	1.81	0
KJJDT16-ZY	1.82	0.01
KJJDT18-ZY	1.81	0

4.4.2.6 塑性发展状态分析

(1) 不考虑轴压模型塑性发展状态分析

图 4-31 为框架侧向变形云图,从中可以看出,梁柱连接节点域应力发展最快。14 mm、16 mm 和 18 mm 的 T 型件翼缘厚度的三个框架模型,外加位移 $s=12.8$ mm 时在加载过程中 2 区(一层左)节点域柱腹板率先进入塑性变形阶段,随后外加位移 $s=19.7$ mm 时 1 区 (一层右)下部 T 型件翼缘与腹板交界处出现塑性变形,该处最先出现塑性铰,三个无轴压模型情况相同。节点域柱腹板处受剪力影响,剪应变主导局部塑性变形。图 4-32 为极限状态框架 2 区节点域柱腹板应力云图。

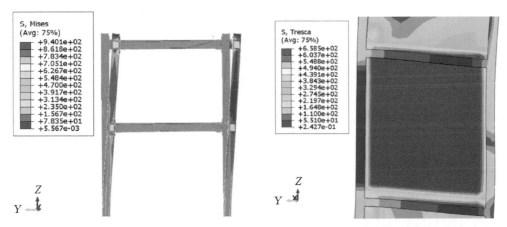

图 4-31 框架侧向变形云图　　图 4-32 极限状态框架 2 区节点域柱腹板应力云图

图 4-33 至图 4-35 分别为三个不考虑轴压的框架模型 2 区节点域柱腹板中心处应力应变图。由图 4-33、图 4-34 和图 4-35 可知,三个不考虑轴压的框架模型,2 区(一层左)节点域柱腹板处的等效应力随着水平位移荷载的变化而变化,并呈上升趋势。当水平位移荷载增大到 120 mm(9Δ)时,等效应力峰值上升趋势放缓。三个不考虑轴压的框架模型,节点域柱腹板处塑性应变的最大值(出现在最大外加位移):KJJDT18=19745 $\mu\varepsilon$>KJJDT16=19479 $\mu\varepsilon$>KJJDT14=14698 $\mu\varepsilon$。

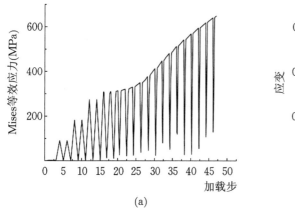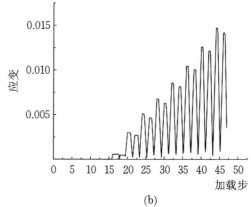

(a)   (b)

图 4-33　KJJDT14 模型 2 区节点域柱腹板中心处应力应变

（a）等效应力曲线；（b）等效塑性应变曲线

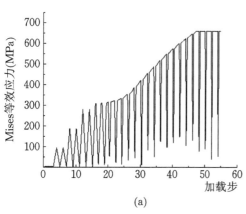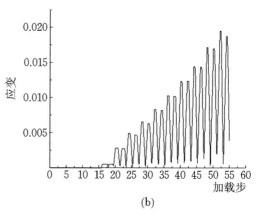

(a)   (b)

图 4-34　KJJDT16 模型 2 区节点域柱腹板中心处应力应变

（a）等效应力曲线；（b）等效塑性应变曲线

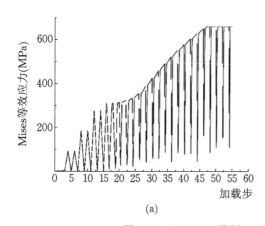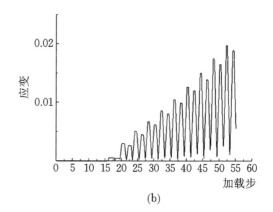

(a)   (b)

图 4-35　KJJDT18 模型 2 区节点域柱腹板中心处应力应变

（a）等效应力曲线；（b）等效塑性应变曲线

图 4-36 为极限承载力状态下 1 区 T 型件应力云图,从图中可以看出,应力最大的部位在 T 型件腹板与翼缘交接处。图 4-37 至图 4-39 为三个不考虑轴压的框架模型 1 区 T 型件等效应力和等效应变的曲线。由图 4-37、图 4-38 和图 4-39 可知,三个不考虑轴压的框架模型,1 区(一层右)T 型件翼缘与腹板交界处的等效应力随着水平位移荷载的变化而变化,并呈上升趋势;三个不考虑轴压的框架模型,T 型件翼缘与腹板交界处塑性应变的最大值(出现在最大外加位移):KJJDT16=25243 $\mu\varepsilon$>KJJDT14=23984 $\mu\varepsilon$>KJJDT18=15534 $\mu\varepsilon$。

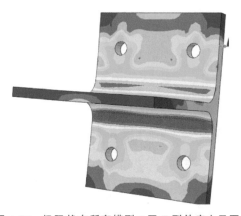

图 4-36　极限状态所有模型 1 区 T 型件应力云图

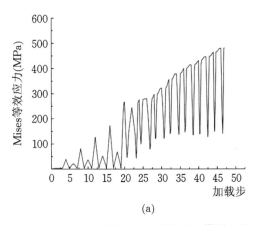 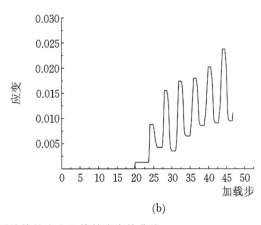

(a)　　　　　　　　　　(b)

图 4-37　KJJDT14 模型 1 区 T 型件等效应力和等效应变的曲线

(a) 等效应力曲线;(b) 等效应变曲线

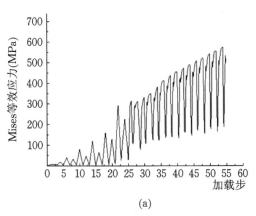 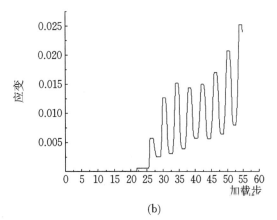

(a)　　　　　　　　　　(b)

图 4-38　KJJDT16 模型 1 区 T 型件等效应力和等效应变的曲线

(a) 等效应力曲线;(b) 等效应变曲线

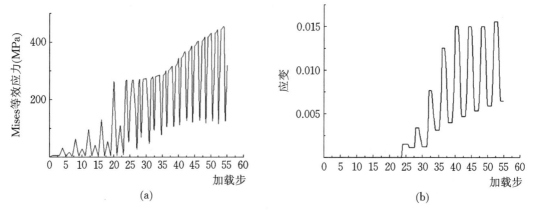

图 4-39　KJJDT18 模型 1 区 T 型件等效应力和等效应变的曲线

（a）等效应力曲线；（b）等效应变曲线

（2）考虑轴压模型塑性发展状态分析

14 mm 和 18 mm 的 T 型件翼缘厚度的两个框架模型，外加位移 $s = 19.7$ mm 时 1 区（一层右）下部和 2 区（一层左）上部 T 型件翼缘与腹板交界处出现塑性变形，16 mm T 型件翼缘厚度的框架模型外加位移 $s = 30$ mm 时 1 区（一层右）下部和 2 区（一层左）上部 T 型件翼缘与腹板交界处出现塑性变形，该处最先出现塑性铰。因为拉力的传递，T 型件受拉至屈服。

图 4-40、图 4-42 为三个考虑轴压的框架模型 1 区 T 型件等效应力和等效应变的曲线。由图 4-40、图 4-41 和图 4-42 可知，三个考虑轴压的框架模型，1 区（一层右）节点域柱腹板处的等效应力随着水平位移荷载的变化而变化，并呈上升趋势；T 型件翼缘与腹板交界处塑性应变的最大值（出现在最大外加位移）：KJJDT14-ZY $= 36579$ $\mu\varepsilon$ ＞ KJJDT18-ZY $= 27689$ $\mu\varepsilon$ ＞ KJJDT16-ZY $= 13644$ $\mu\varepsilon$。

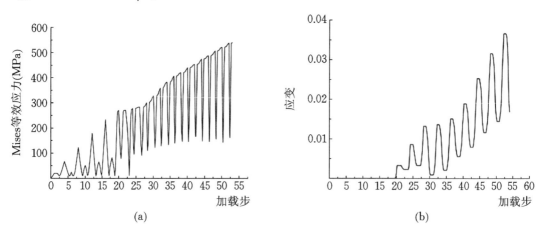

图 4-40　KJJDT14-ZY 2 区 T 型件等效应力和等效应变的曲线

（a）等效应力曲线；（b）等效应变曲线

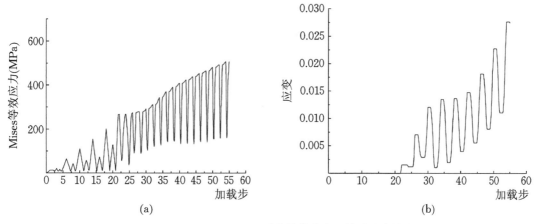

图 4-41 KJJDT16-ZY 2 区 T 型件等效应力和等效应变的曲线

(a) 等效应力曲线；(b) 等效应变曲线

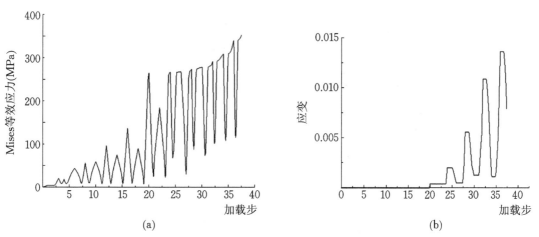

图 4-42 KJJDT18-ZY 2 区 T 型件等效应力和等效应变的曲线

(a) 等效应力曲线；(b) 等效应变曲线

4.4.2.7 T 型件塑性变形分析

图 4-43、图 4-44 为框架的变形图，图 4-45 至图 4-52 为节点变形图。

以 KJJDT14 框架为例。1 区(一层右)和 3 区(二层右)的 T 型件翼缘与柱翼缘相交处出现了很明显的缝隙，T 型件的翼缘受拉，和试验中的结果相吻合，和本文第三章中的结论相一致。在 2 区(一层左)与 4 区(一层左)T 型件翼缘与柱翼缘相交处没有出现明显的缝隙。3 倍屈服位移后框架的变形由最初的 T 型件塑性变形变为梁柱的塑性变形。梁柱的塑性变形首先出现在 1 区(一层右)T 型件翼缘与柱翼缘接触的位置。根据图 4-45 至图 4-52 可知，右柱的 2 区和 4 区节点柱柱腹板的应力值明显高于右柱的 1 区和 3 区节点域柱腹板处的应力值，根据节点域的受力特点，说明 2 区和 4 区的剪切变形比 1 区和 3 区程度大。框架节点的结果和本书第 3.5 节"T 型钢梁柱连接节点数值模拟分析"结果吻合较好。

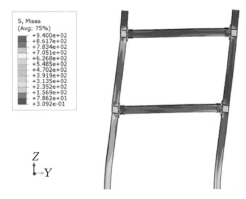 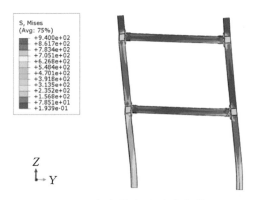

图 4-43　框架的变形（正向加载）　　　　图 4-44　框架的变形（负向加载）

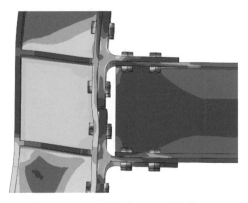 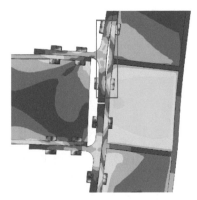

图 4-45　4 区节点变形（正向加载）　　　　图 4-46　3 区节点变形（正向加载）

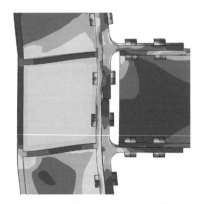 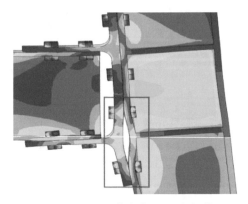

图 4-47　2 区节点变形（正向加载）　　　　图 4-48　1 区节点变形（正向加载）

4.4.2.8　螺栓预拉力分析

高强螺栓连接方式是本研究的主要连接方式,应用高强螺栓进行梁柱连接时先要施加一定的预拉力。螺栓预拉力在框架承受施加的水平荷载后会不断发生变化,由于螺栓受力后会松弛,导致预拉力产生一定的损失,这将会影响节点中连接件与梁、柱的内力传递效果,因此分析螺栓预拉力的变化就显得非常重要。

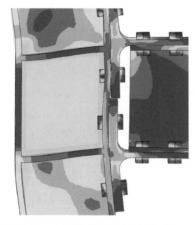
图 4-49　4 区节点变形（负向加载）

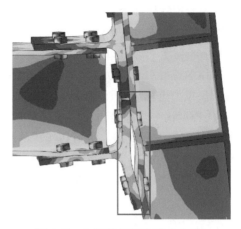
图 4-50　3 区节点变形（负向加载）

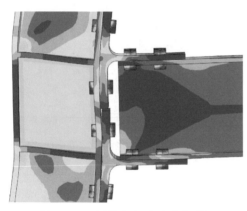
图 4-51　2 区节点变形（负向加载）

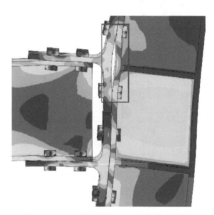
图 4-52　1 区节点变形（负向加载）

本书利用 ABAQUS 有限元软件提取螺栓轴向力，如图 4-53 所示。选取框架节点处受拉、受压和受剪作用的螺栓，提取所选螺栓轴向力并建立与荷载等级的关系曲线。比较框架在有、无轴压情况下所选螺栓的预拉力。

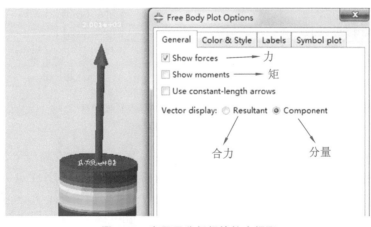
图 4-53　有限元分析螺栓拉力提取

图 4-54 为钢框架 T 型件中(KJJDT14)相同位置的螺栓在不考虑轴压情况下的螺栓预拉力变化曲线。

如图 4-54 所示,分别选取平面内的受拉和受剪作用的螺栓进行分析。KJJDT14 中受拉、受压作用的螺栓(1、2 号)当受到拉力作用时,螺栓预拉力与初始值相差不大,当受到压力作用时,预拉力迅速衰减,最多损失了 88.06%,最少损失了 27.11%,1、2、3 区的 1 号螺栓预拉力损失程度比 2 号螺栓预拉力损失程度大,4 区(二层左)1 号螺栓预拉力损失程度比 2 号螺栓预拉力损失程度小。受剪切作用的螺栓(3、4 号)的衰减程度比受拉、压作用的螺栓缓慢,最多损失了 60.18%,最少损失了 18.48%,内侧螺栓(3 号)衰减程度小于外侧螺栓(4 号)。一层节点螺栓预拉力整体损失大于二层节点螺栓预拉力整体损失。

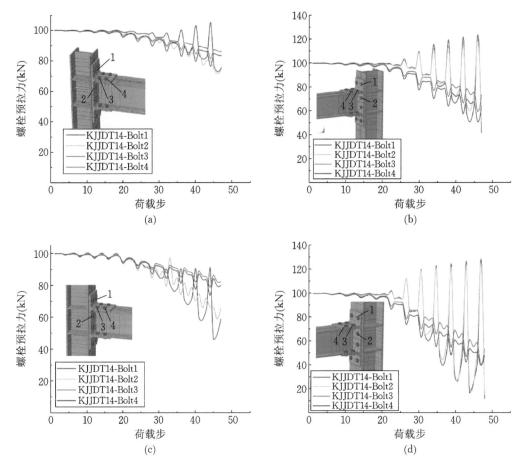

图 4-54　KJJDT14 各区螺栓预拉力变化曲线

(a) 4 区;(b) 3 区;(c) 2 区;(d) 1 区

图 4-55 为钢框架 T 型件中(KJJDT14-ZY)相同位置的螺栓在有轴压下的螺栓预拉力变化曲线。分别选取平面内的受拉和受剪作用的螺栓进行分析。KJJDT14-ZY 中受拉、受压作用的螺栓(1、2 号)当受到拉力作用时,螺栓预拉力与初始值相差不大,当受到压力作用时,预拉力迅速衰减,最多损失了 90.28%,最少损失了 20.92%。1 区(一层右)的 1 号螺栓

预拉力损失程度比 2 号螺栓预拉力损失程度大,2 区(一层左)、3 区(二层右)和 4 区(二层左)的 1 号螺栓预拉力损失程度比 2 号螺栓预拉力损失程度小。受剪切作用的螺栓(3、4号)的衰减程度比受拉、压作用的螺栓缓慢,最多损失了 70.53%,最少损失了 15.07%。3 区的内侧螺栓(3 号)衰减程度小于外侧螺栓(4 号),1 区、2 区和 4 区的内侧螺栓(3 号)衰减程度大于外侧螺栓(4 号)。一层节点螺栓预拉力整体损失大于二层节点螺栓预拉力整体损失。

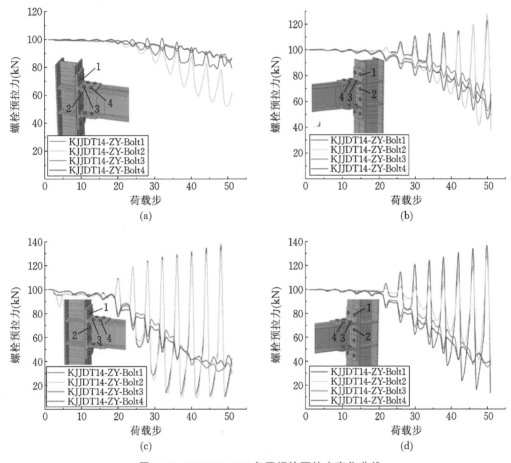

图 4-55 KJJDT14-ZY 各区螺栓预拉力变化曲线

(a) 4 区;(b) 3 区;(c) 2 区;(d) 1 区

图 4-56 所示为钢框架 T 型件中(KJJDT16)相同位置的螺栓在无轴压下的螺栓预拉力变化曲线。分别选取平面内的受拉和受剪作用的螺栓进行分析。KJJDT16 中受拉、受压作用的螺栓(1、2 号)当受到拉力作用时,螺栓预拉力与初始值相差不大,当受到压力作用时,预拉力迅速衰减,最多损失了 90.05%,最少损失了 52.76%。1 区(一层右)、2 区(一层左)、3 区(二层右)的 1 号螺栓预拉力损失程度比 2 号螺栓预拉力损失程度大,4 区(二层左)1 号螺栓预拉力损失程度比 2 号螺栓预拉力损失程度小。受剪切作用的螺栓(3、4 号)的衰减程度比受拉、压作用的螺栓缓慢,最多损失了 69.34%,最少损失了 34.82%,内侧螺栓(3 号)衰减程度小于外侧螺栓(4 号)。一层节点螺栓预拉力整体损失大于二层节点螺栓预拉力整体损失。

图 4-57 所示为钢框架 T 型件中(KJJDT16-ZY)相同位置的螺栓在有轴压下的螺栓预拉力

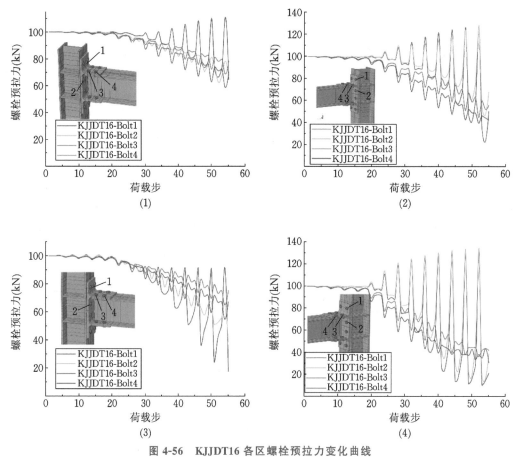

图 4-56　KJJDT16 各区螺栓预拉力变化曲线

(1) 4 区;(2) 3 区;(3) 2 区;(4) 1 区

变化曲线。分别选取平面内的受拉和受剪作用的螺栓进行分析。KJJDT16-ZY 中受拉、受压作用的螺栓(1、2 号)当受到拉力作用时,螺栓预拉力与初始值相差不大,当受到压力作用时,预拉力迅速衰减,最多损失了 94.63%,最少损失了 26.22%,1 区和 2 区(一层)的 1 号螺栓预拉力损失程度比 2 号螺栓预拉力损失程度大,3 区和 4 区(二层)的 1 号螺栓预拉力损失程度比 2 号螺栓预拉力损失程度小。受剪切作用的螺栓(3、4 号)衰减程度比受拉、压作用的螺栓缓慢,最多损失了 71.19%,最少损失了 17.75%,1 区(一层右)和 3 区(二层右)的内侧螺栓(3 号)衰减程度小于外侧螺栓(4 号),2 区和 4 区的内侧螺栓(3 号)衰减程度大于外侧螺栓(4 号)。一层节点螺栓预拉力整体损失大于二层节点螺栓预拉力整体损失。

　　图 4-58 所示为钢框架 T 型件中(KJJDT18)相同位置的螺栓在无轴压下的螺栓预拉力变化曲线。分别选取平面内的受拉和受剪作用的螺栓进行分析。KJJDT18 中受拉、受压作用的螺栓(1、2 号)当受到拉力作用时,螺栓预拉力与初始值相差不大,当受到压力作用时,预拉力迅速衰减,最多损失了 90.96%,最少损失了 40.03%。1 号螺栓预拉力损失程度比 2 号螺栓预拉力损失程度大,剪切作用的螺栓(3、4 号)衰减程度比受拉、压作用的螺栓缓慢,最大损失了 98.85%,最少损失了 36.26%,内侧螺栓(3 号)衰减程度小于外侧螺栓(4 号)。一层节点螺栓预拉力整体损失大于二层节点螺栓预拉力整体损失。

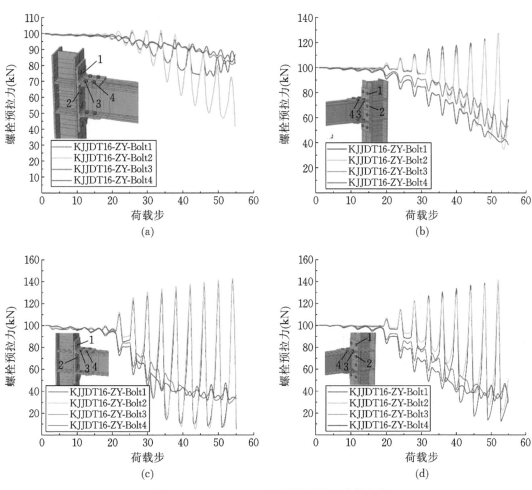

图 4-57　KJJDT16-ZY 各区螺栓预拉力变化曲线

(a) 4 区；(b) 3 区；(c) 2 区；(d) 1 区

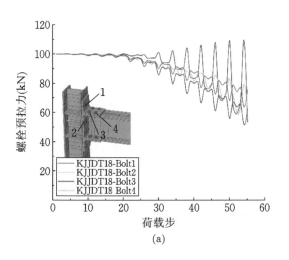

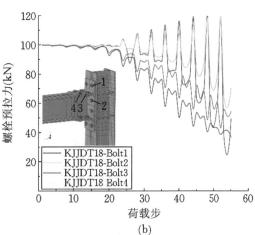

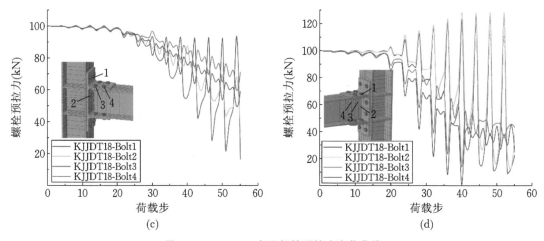

图 4-58　KJJDT18 各区螺栓预拉力变化曲线

(a) 4 区;(b) 3 区;(c) 2 区;(d) 1 区

图 4-59 所示为钢框架 T 型件中(KJJDT18-ZY)相同位置的螺栓在有轴压下的螺栓预拉力变化曲线。分别选取平面内的受拉和受剪作用的螺栓进行分析。KJJDT18-ZY 中受拉、压作用的螺栓(1、2 号)当受到拉力作用时,螺栓预拉力与初始值相差不大,当受到压力作用时,预拉力迅速衰减,最多损失了 73.52%,最少损失了 14.58%,1 区和 2 区(一层)的 1 号螺栓预拉力损失程度比 2 号螺栓预拉力损失程度大,3 区和 4 区(二层)的 1 号螺栓预拉力损失程度比 2 号螺栓预拉力损失程度小。受剪切作用的螺栓(3、4 号)衰减程度比受拉、压作用的螺栓缓慢,最多损失了 63.98%,最少损失了 7.47%,内侧螺栓(3 号)衰减程度小于外侧螺栓(4 号)。一层节点螺栓预拉力整体损失大于二层节点螺栓预拉力整体损失。

加轴压与无轴压下,选取相同位置的螺栓进行预拉力分析,这些螺栓的预拉力在往复荷载作用下主要表现出以下几个特点:

(1)所有螺栓预拉力逐步衰减损失。

(2)受拉、压作用的螺栓预拉力损失程度比受剪切作用损失程度大,这在 1 区和 2 区表现得较为明显。

(3)一层节点螺栓预拉力整体损失大于二层节点螺栓预拉力整体损失。

4.4.3　试验与有限元对比分析

将试验框架模型的试验结果和与之相对应的有限元分析结果进行对比分析,即对采用 T 型连接件翼缘厚度为 14 mm 的框架结构进行对比分析。框架试验结果获得的滞回曲线与有限元分析的滞回曲线进行对比分析,如图 4-60 所示。从图中对比分析可以得出:有限元计算获得的滞回曲线饱满程度大于试验滞回曲线。主要是由于试验时框架中各个组件之间具有滑移变形,而有限元模型设置的通用接触状态具有一定的差异。另外,有限元采用了各向同性的随动强化本构关系模型,没有考虑弱化效应,这也是有限元计算的结果偏大的原因之一。由于试验装置的缺陷,试验装置没有对平面外变形进行防护,随着施加荷载的增大,框架出现了平面的变形,这就导致试验结果低于有限元分析结果。

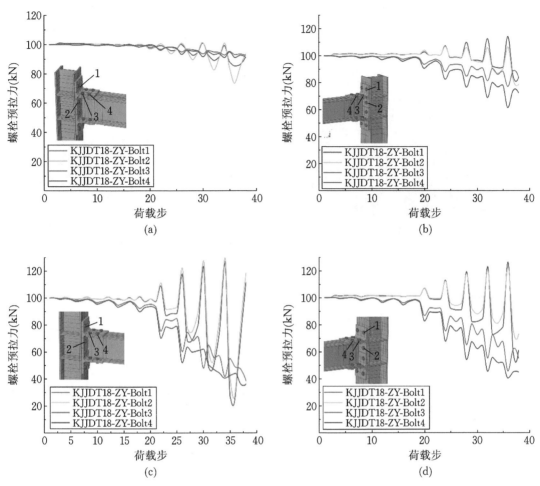

图 4-59　KJJDT18-ZY 各区螺栓预拉力变化曲线

（a) 4 区；(b) 3 区；(c) 2 区；(d) 1 区

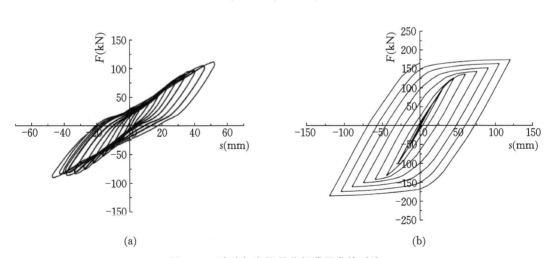

图 4-60　试验与有限元分析滞回曲线对比

（a）试验滞回曲线；(b) 有限元滞回曲线

图 4-61 所示为框架模型试验塑性变形与有限元塑性变形对比。从图 4-61 中可以看出：T 型连接件翼缘在试验和有限元分析时均出现了弯曲变形，表现为 T 型件翼缘与柱子翼缘发生脱离，塑性应变首先在 T 型连接件腹板和翼缘的交界处产生。以上说明有限元计算的框架塑性发展模式与试验监测的结果一致。

 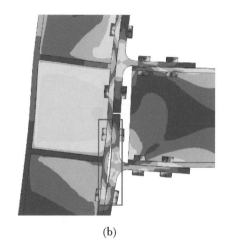

(a)   (b)

图 4-61   试验与有限元塑性变形对比

(a) 试验塑性变形；(b) 有限元塑性变形

综上可知，有限元分析基本能够描述 T 型钢连接平面框架的力学特性，由于试验装置等原因造成了试验结果与有限元分析误差的存在。

4.5   刚接和铰接框架分析

按照试验试件的尺寸得到刚接和铰接的框架示意图，如图 4-62 所示，图 4-62(a) 为梁柱刚接框架，图 4-62(b) 为梁柱铰接框架。现计算这两种连接方式在弹性范围内的内力和位移的关系。

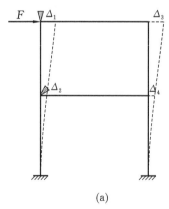 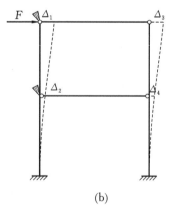

(a)   (b)

图 4-62   刚接和铰接框架示意图

(a) 刚接框架；(b) 铰接框架

将施加的水平荷载分为对称荷载和反对称荷载两组,由对称性可知,在对称荷载作用下,柱没有侧移。所以为了求取框架的侧移只需分析反对称情况。这时采用结构力学的位移法进行分析,忽略轴向变形,基本未知量为如图4-62所示的柱的2个转角和2个侧位移。根据试验框架所选材料的型号,查型钢表计算可得,对于框架梁,刚度 $EI = 5.33 \times 10^3$ kN·m^2;对于框架柱,刚度 $EI = 6.01 \times 10^3$ kN·m^2。

对于节点刚接框架,利用对称性进行计算,可得到位移法方程为:

$$10^3 \times \begin{bmatrix} 22.679 & 6.01 & -9.015 & 9.015 \\ 6.01 & 33.607 & -9.015 & 1.564 \\ -9.015 & -9.015 & 9.015 & -9.015 \\ 9.015 & 1.564 & -9.015 & 15.789 \end{bmatrix} \begin{Bmatrix} \Delta_1 \\ \Delta_2 \\ \Delta_3 \\ \Delta_4 \end{Bmatrix} = \begin{Bmatrix} 0 \\ 0 \\ \dfrac{1}{2}F \\ 0 \end{Bmatrix} \quad (4\text{-}10)$$

求解得,刚接框架顶层的侧位移为:

$$\Delta_3 = 0.337 \times 10^{-3} F \quad (4\text{-}11)$$

对于节点铰接框架,利用对称性进行计算,可得到位移法方程为:

$$10^3 \times \begin{bmatrix} 12.02 & 6.01 & -9.015 & 9.015 \\ 6.01 & 22.948 & -9.015 & 1.564 \\ -9.015 & -9.015 & 9.015 & -9.015 \\ 9.015 & 1.564 & -9.015 & 15.789 \end{bmatrix} \begin{Bmatrix} \Delta_1 \\ \Delta_2 \\ \Delta_3 \\ \Delta_4 \end{Bmatrix} = \begin{Bmatrix} 0 \\ 0 \\ \dfrac{1}{2}F \\ 0 \end{Bmatrix} \quad (4\text{-}12)$$

求解得,铰接框架顶层的侧位移为:

$$\Delta_3 = 2.054 \times 10^{-3} F \quad (4\text{-}13)$$

由骨架曲线可知,对于试验中的剖分T型钢连接的钢框架,在弹性范围内框架顶层的位移与作动器力的关系为:

$$\Delta_3 \approx 0.52 \times 10^{-3} F \quad (4\text{-}14)$$

由此可以看出,剖分T型钢半刚性连接是一种介于刚接和铰接之间的梁柱连接方式,剖分T型钢的参数直接影响梁柱连接的刚度,也直接影响钢框架的抗侧性能,本试验中由于剖分T型钢尺寸较大,因此,剖分T型钢连接的刚度较大,接近于刚接,所以剖分T型钢梁柱连接钢框架的顶端侧位移接近刚接钢框架的顶端侧位移。

本 章 小 结

本章通过对T型钢连接的单榀两层平面钢框架进行低周反复加载试验,且对T型钢连接平面钢框架进行有限元分析,有限元分析以T型钢连接件厚度和轴压作为影响半刚性连接钢框架力学特性的主要因素,对框架的承载力、延性、侧向刚度、耗能能力、塑性变形和螺栓预拉力等进行了深入分析,得到了以下结论:

(1)在试验过程中,T型钢的翼缘与柱翼缘之间逐渐被拉开一条缝隙,由在T型钢上布置的应变片测量得到的应变也表明,钢框架在加载过程中T型钢首先发生屈服,整个加载过程中,节点处梁上下翼缘应变发展较慢。随着加载的进行,框架柱发生平面外屈曲,框架破坏。整个框架没有发生节点失效以及其他脆性断裂的情况,具有很好的变形耗能能力。

(2) 剖分 T 型钢梁柱连接钢框架具有很好的耗能能力和抗震性能,并且随着荷载的增大出现了明显的刚度退化现象。框架刚度退化的原因主要是剖分 T 型钢翼缘与腹板交接处产生屈曲变形,影响了整个梁柱连接的刚度,也造成整个钢框架抗弯刚度下降。

(3) 剖分 T 型钢梁柱连接钢框架由于在梁柱连接处没有任何施焊,因此在试验时没有发生脆性断裂这种现象。此类钢框架初始刚度为 $2463 \ N/mm^2$,由于连接件之间存在一定缝隙导致加载后期刚度退化,侧移明显增大。但随着加载的逐渐增大,钢框架的顶层层间位移角和底层层间位移角先后达到规范要求的极限值,满足工程设计要求。

(4) 增加 T 型钢翼缘厚度对框架承载力的提高幅度有限;轴向压力对框架承载力的影响较大,当考虑轴向压力作用后,承载力明显下降。

(5) T 型钢翼缘厚度对框架侧向刚度的影响同样有限,增加其厚度,对侧向刚度影响不大;考虑柱子轴压作用时,框架侧向刚度明显下降。

(6) T 型钢翼缘厚度和轴向压力对框架的延性则表现为:增加 T 型钢翼缘厚度延性提高;考虑轴压后,框架的延性降低。

(7) T 型钢翼缘厚度和轴向压力对框架的耗能能力表现为:增加 T 型钢翼缘厚度框架耗能能力提高;考虑轴压后,框架的耗能能力降低。

(8) 框架的塑性变形主要分布在 T 型件腹板和翼缘的交界处,同时柱子节点域腹板受剪切作用,塑性变形也较大。

(9) 螺栓预拉力随荷载变化而变化,变化规律表现为:受拉压作用螺栓的预拉力变化程度高于受剪切的螺栓,底层螺栓预拉力损失程度大于顶层结构。

5 T型钢连接空间钢框架拟静力试验研究

5.1 引 言

本书第四章完成了一个缩尺比例为1：2的单榀两层平面钢框架低周反复加载试验，得到了半刚性连接平面钢框架的各种抗震性能，从中得知剖分T型钢半刚性梁柱连接对钢框架的抗侧性能有很大的影响。为了进一步研究剖分T型钢梁柱连接钢框架的抗震性能，本章在第四章的基础上，设计了一个缩尺比例为1：2的两层单跨双榀T型钢连接空间钢框架模型，钢框架的强轴平面主要设计参数和第四章模型参数完全一致。本章拟通过对T型钢连接空间钢框架进行低周反复加载，分析T型钢连接钢框架的耗能特性、变形特征、塑性铰出现顺序、钢框架破坏模式，特别是分析钢框架弱轴连接对梁柱强轴连接节点域的削弱影响等，从而为T型钢连接空间钢框架在工程中的应用提供参考依据。

5.2 试 验 概 况

5.2.1 试验目的

本试验主要目的是通过电液伺服系统对剖分T型钢半刚性连接空间钢框架进行低周反复加载，分析在低周反复荷载作用下钢框架梁柱连接的节点域、柱脚以及梁柱截面的应变，研究钢框架水平侧移及其滞回性能，分析弱轴连接对强轴连接的影响，从而确定剖分T型钢连接空间钢框架的抗震性能、极限荷载、破坏模式、变形发展和耗能特性等。

5.2.2 试件的材料性能试验

梁柱以及剖分T型钢均采用Q235B热轧H型钢，T型钢由H型钢剖分而成。材料性能试验见第4章。

5.2.3 试件设计与制作

本章参照常用的民用建筑柱网跨度、层高、梁柱断面尺寸以及试验装置（比如液压伺服作动器和反力架的放置情况），根据《钢结构设计标准》（GB 50017—2017）和《建筑抗震试验规程》（JGJ/T 101—2015）等相关标准规定，设计了一座缩尺比例为1：2的T型钢半刚性连接钢框架空间模型。空间模型为两层、单开间、单跨：总高度4.2 m，底层层高2.2 m，顶层层高2.0 m；开间、进深均为3.0 m。框架柱强轴所在平面的梁柱采用T型钢半刚性连接，框架柱弱轴平面内的梁柱通过柱上伸出的加劲肋以及高强螺栓进行铰接连接，连接形式如图5-1(a)所示，主次梁连接通过连接板以及高强螺栓连接，连接形式如图5-1(b)所示；楼板处用 8 mm 钢板与框架梁连接。主轴平面钢框架与第四章所有参数完全一致,空间框架模型如图 5-2 所示。

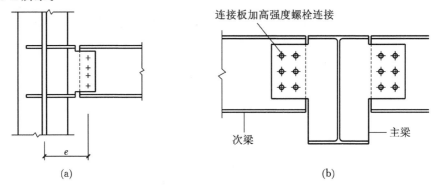

(a)　　　　　　　　　　　　　　　　　　(b)

图 5-1　弱轴、主次梁连接形式

(a) 弱轴铰接连接形式;(b) 主次梁连接形式

e—螺杆圆心到柱子中心的距离。

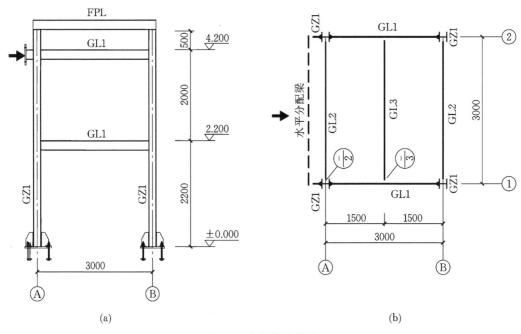

(a)　　　　　　　　　　　　　　　　　(b)

图 5-2　空间框架模型

(a) 剖分 T 型钢连接钢框架立面图;(b) 钢框架平面布置图

梁柱连接采用剖分 T 型钢连接,连接形式如图 5-3 所示。

空间模型试件的梁、柱、T 型钢连接件均采用 Q235B 钢材,各构件的尺寸见表 5-1。剖分 T 型钢与梁柱采用高强螺栓摩擦型连接,高强螺栓采用 10.9 级 M16 高强螺栓,螺栓连接面喷砂处理,抗滑移系数 0.45。试件的梁柱取自同一批 H 型钢,具有相同的力学特性。梁翼缘宽厚比 $b/t=16.67$,腹板高厚比 $h_0/t_w=29.33$。框架柱脚采用刚性连接,柱与柱脚底板采用双面角焊缝。柱脚加劲板均采用 8 mm 双面角焊缝。每个框架柱底板与加载试验平台采用 4 根 M36 的地锚螺栓固定。

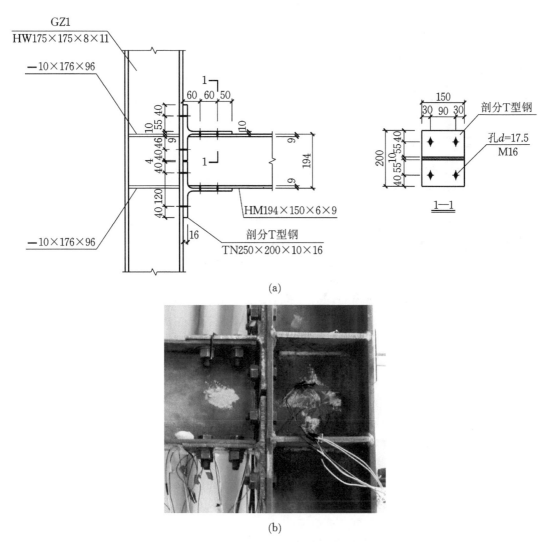

(a)

(b)

图 5-3 T型钢半刚性梁柱连接节点设计

（a）T型钢连接设计图；（b）T型钢连接节点实图

表 5-1 空间框架各试件的截面表

标号	名称	截面	材质	备注
GZ1	框架柱	HW175×175×8×11	Q235B	
GL1	框架梁	HM194×150×6×9	Q235B	
GL2	主梁	HM194×150×6×9	Q235B	
GL3	次梁	HM194×150×6×9	Q235B	
剖分T型钢	柱连接T型连接件	HW500×200×10×16	Q235B	每段长 150 mm

图 5-4　试验现场框架结构及加载位置图

5.2.4　试验装置

本试验所采用的试验模型见图 5-2。试验荷载由作动器施加到试件上,试验过程中由控制器发出命令信号并控制电液伺服作动器完成期望的试验加载过程。试验过程中配置了 1 个 1000 kN 的水平方向作动器,对钢框架顶层梁的中部施加水平荷载,在每层楼板上按照设计规范要求放置一定配重,通过分配梁在四个柱顶施加 400 kN 竖向荷载,在试验过程中通过电液伺服系统让这个竖向荷载值保持不变,试验现场框架结构及加载位置如图 5-4 所示。其中,在试验框架中,梁柱之间的连接采用剖分 T 型钢半刚性连接。试验中通过内置位移计和外置位移计测得钢框架的位移响应,通过静态应变仪测得节点域、柱脚及梁柱连接各关键部位的应变,而外部荷载主要由作动器内置力传感器测量。

5.2.5　试验加载方案

本次试验根据《建筑抗震试验规程》(JGJ/T 101—2015),利用电液伺服加载系统水平作动器进行加载。在试验过程中,通过作动器的内置力传感器和内置位移传感器测得作动器施加在框架上的力和位移,同时通过外置位移计测得相应测点的位移。

试验开始时采用荷载控制的方法进行加载(具体加载制度如图 5-5 所示),以作动器内置力传感器测量的值为控制参数。为了确定空间框架的屈服位移,作动器的力以每 10 kN 的步长从零开始逐渐递增,对空间框架进行循环加载,每个级别循环两次,观察钢框架重要测点的应变变化。当部分关键点的应变达到屈服应变时,对应的框架顶层 7 区(图 5-6)的位移近似认为是钢框架屈服位移。经测量发现,本试验中空间钢框架的屈服位移为 12.54 mm。进一步加载时,就以 7 区位移计的测量值来控制试验加载过程,通过位移控制,以近似屈服位移为位移增量步长,对框架以 12.54 mm 为一级,共 9 级的分级加载方式进行低周反复循环加载,每一级循环两次,直至框架发生破坏。

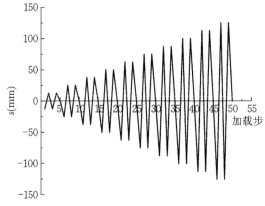

图 5-5　试验过程中的加载制度图

试验时通过测量加载过程中各个位置应变的变化情况,观察空间框架在位移加载条件下的各种反应,得到框架的滞回曲线、骨架曲线等特征曲线,从而对空间框架的传力机制、抗震性能和破坏形态进行深入研究。图 5-6 为钢框架试验中关键点的应变片及位移计分布图。

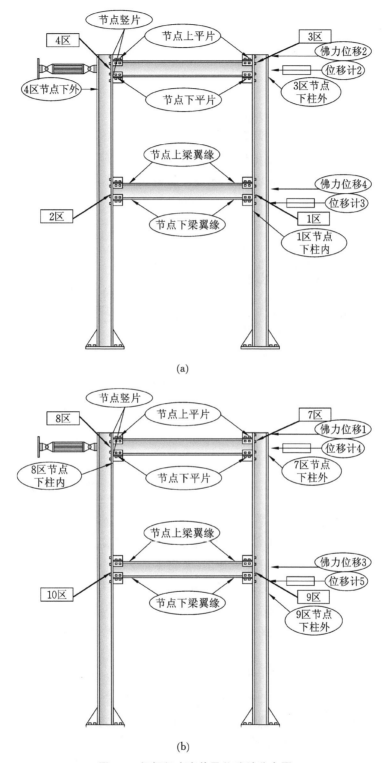

(a)

(b)

图 5-6 钢框架应变片及位移计分布图

(a) 钢框架 1 轴应变片及位移计分布图;(b) 钢框架 2 轴应变片及位移计分布图

5.3 试验结果及其分析

5.3.1 节点区应变分析

选取部分关键点的应变进行分析和研究。

2 区的节点上平片、节点下平片和节点上竖片的应变分析如图 5-7 所示。由图 5-7 可知:空间框架 2 区的节点上平片处的应变和节点下平片处的应变在低周反复加载试验时基本相等、方向相反,且在第二级加载后就达到了屈服应变,在最后一级加载时应变达到了 6000 $\mu\varepsilon$ 左右。

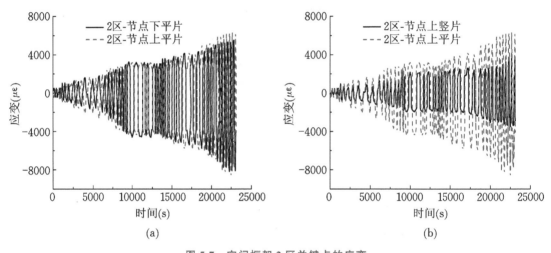

图 5-7 空间框架 2 区关键点的应变

(a) 节点处平片的应变;(b) 节点上竖片和上平片的应变

3 区的节点下平片、节点下梁翼缘和节点上竖片的应变分析如图 5-8 所示。由图 5-8 可知:空间框架 3 区的节点下平片处的应变发展速度明显大于节点下梁翼缘的应变发展速度,同时也明显大于节点上竖片的应变发展速度,表明节点下平片位置在加载时首先进入屈服,然后是梁翼缘和节点上竖片位置进入屈服。分析原因可能是楼层配重对梁柱连接节点的影响导致上下翼缘 T 型钢翼缘与腹板交接处应力发展不一致。根据应变发展情况可以看出,在顶层位置,剖分 T 型钢梁柱连接节点最不利位置在梁下翼缘剖分 T 型钢腹板与翼缘交接处。

4 区的节点下平片、节点下竖片和节点下梁翼缘的应变分析如图 5-9 所示。由图 5-9 可知:在加载过程中,空间框架 4 区的节点下平片处的应变远大于节点下竖片处的应变,节点下平片处的应变略大于节点下梁翼缘的应变,当节点下平片所在位置屈服时,节点竖片所在位置还远没有达到屈服,试验终止时,节点竖片所在位置的应变才达到屈服应变。因此,根据各个位置的应变情况可以看出,在加载过程中,塑性铰最先出现在 T 型钢翼缘与腹板交接处,而梁翼缘的应变发展速度较慢,试验终止时也没有达到屈服。

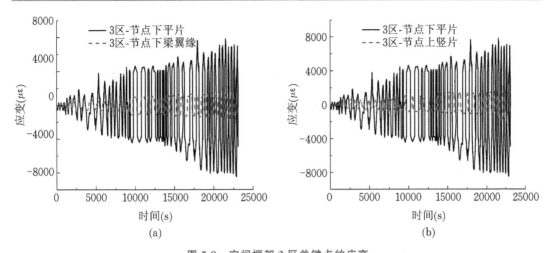

图 5-8　空间框架 3 区关键点的应变
（a）节点下平片和节点下梁翼缘的应变；（b）节点下平片和节点上竖片的应变

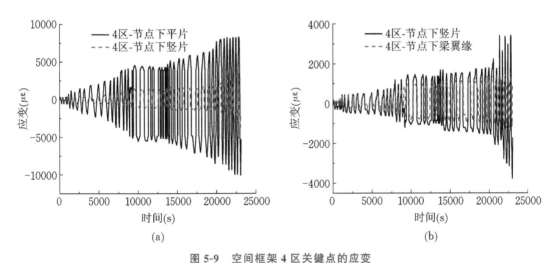

图 5-9　空间框架 4 区关键点的应变
（a）节点下平片和节点下竖片的应变；（b）节点下竖片和节点下梁翼缘的应变

　　7 区、8 区的节点下平片和节点上平片处的应变分析分别如图 5-10 和图 5-11 所示。由图 5-10 和图 5-11 可知：在 7 区和 8 区处节点下平片的应变均大于节点上平片的应变，且两处的应变相差很大。因此可以看出，剖分 T 型钢梁柱连接空间钢框架顶层最不利位置是下翼缘 T 型钢。

　　9 区的节点上平片和节点上竖片的应变分析如图 5-12 所示。由图 5-12 可知：在加载过程中，9 区节点上平片的应变大于节点上竖片的应变，这和 2 区的应变分析得到的结果是一致的。

　　10 区节点上平片、节点上柱外和节点下柱外的应变分析如图 5-13 所示。由图 5-13 可知：节点上平片的应变大于节点上柱外的应变，且二者之间的应变值相差很大，这说明节点的应变发展速度明显大于节点处柱翼缘应变发展速度。此外，节点上柱外的应变大于节点下柱外的应变。梁柱连接节点首先屈服，然后框架柱进入屈服阶段。

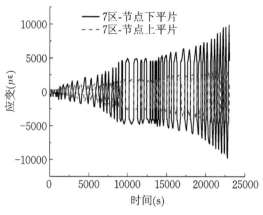

图 5-10　空间框架 7 区节点处平片的应变

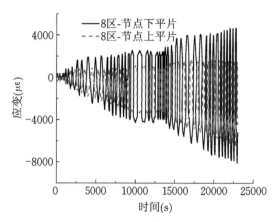

图 5-11　空间框架 8 区节点处平片的应变

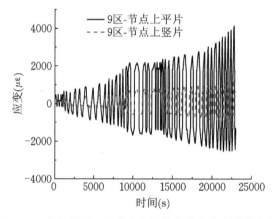

图 5-12　空间框架 9 区节点上平片和节点上竖片的应变

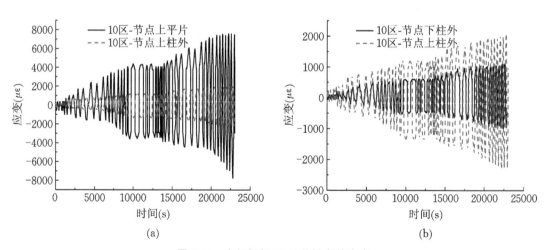

(a)　　　　　　　　　　　　　　(b)

图 5-13　空间框架 10 区关键点的应变

(a) 节点上平片和节点上柱外的应变；(b) 节点处上下柱外的应变

由空间框架各个区的应变分析可以看出,每个区的节点处平片具有较大的应变,为了对比分析加载过程中各个区的应变情况,选取 2 区、3 区、4 区、7 区、8 区的节点下平片进行分析,结果如图 5-14 所示。

由图 5-14 可以看出:在加载的过程中,2 区节点下平片的应变小于 3 区节点下平片的应变;8 区节点下平片的应变小于 7 区节点下平片的应变且小于 4 区节点下平片的应变。所以,在加载过程中,3 区的 T 型钢最先发生屈服,其次是 4 区、7 区的 T 型钢,然后是 8 区的 T 型钢,这和试验中观察到的现象吻合,即 3 区 T 型钢最先观察到被拉开。

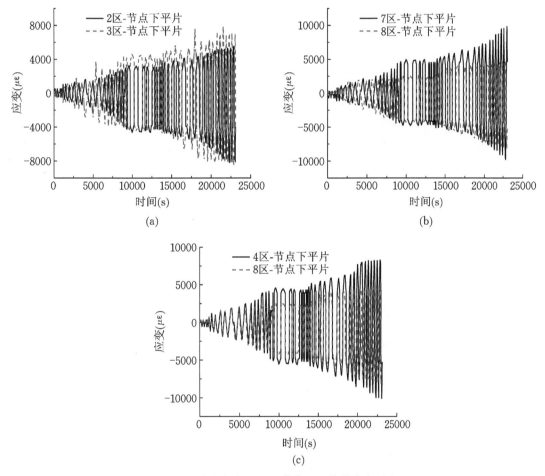

图 5-14　空间框架不同区节点下平片的应变对比

（a）2 区和 3 区节点下平片的应变；（b）7 区和 8 区节点下平片的应变；（c）4 区和 8 区节点下平片的应变

5.3.2　滞回曲线

在循环荷载反复作用下,经过多级位移加载,框架的荷载-顶层位移滞回曲线如图 5-15 所示。

由图 5-15 可知,在加载过程中曲线非常光滑,加载初期,荷载-位移关系呈明显的线性关系,随着加载的进行,荷载-位移关系表现出非线性特征,并且刚度也逐渐发生退化,在加载后期,荷载-位移曲线在某些部位出现了抖动现象,这个现象在试验时表现为钢框架发出很大"吱吱"声,这可能是因为高强螺栓在反复加载试验中出现了松弛现象,加载后期出现了高强螺栓滑移,这一点在钢框架模型拆除时高强螺栓摩擦面划痕严重中得到了验证。从整个滞回曲线的形态来看,在试验中得到的滞回曲线无明显的"捏缩"现象,呈现了比较饱满的形态,表明该空间框架的塑性变形能力比较强,延性性能好,可以较好地吸收地震能量。

当框架上施加的位移为 9 倍的屈服位移,即 $s=112.86$ mm 时,在一个循环里框架的荷载-顶层 7 区位移曲线如图 5-16 所示。通过求解得出该加载条件下空间框架的等效黏滞阻尼比:

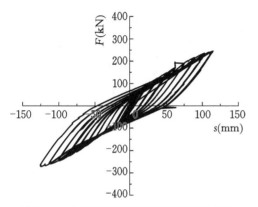

图 5-15 空间框架顶层荷载-位移滞回曲线

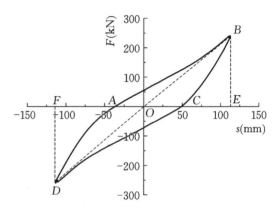

图 5-16 在 $s=112.86$ mm 时循环加载下空间框架顶层 7 区的滞回环

$$\xi_{eq}=\frac{1}{2\pi}\frac{S_{(ABC+CDA)}}{S_{(OBE+ODF)}}=\frac{1}{2\pi}\times\frac{2.4504\times10^{4}}{1.3357\times10^{4}+1.4522\times10^{4}}=0.140 \qquad (5-1)$$

根据等效黏滞阻尼比的规定得出,结构的耗能能力和抗震能力随等效黏滞阻尼比增大而增强,相对于单榀两层平面钢框架,试验中的空间钢框架具有较好的抗震性能和耗能特性。

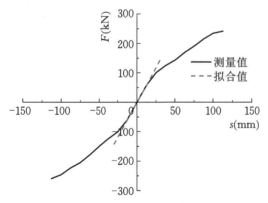

图 5-17 空间框架顶层 7 区的骨架曲线

5.3.3 骨架曲线

通过低周反复荷载试验,得到了每个加载级别的荷载与位移均最大的点,连接这些点可以得到加载过程中框架的骨架曲线。

在该试验中,加载过程中作动器的力和框架顶层 7 区位移的变化,即框架的骨架曲线如图 5-17 所示。由图 5-17 可以看出,该框架的骨架曲线中的荷载与位移之间在加载初期呈线性关系,这表明在加载初期钢框架具有明显的弹性性质,此后随着位移的逐渐增大,作动器的荷载增加的趋势逐渐减缓,框架的刚度出现退化明显现象。当加载到 9 倍屈服位移,即 $s=112.86$ mm 时,刚度退化非常明显,此时钢框架发生平面外失稳,柱脚也出现了局部屈曲,试验停止。

运用线性拟合的方法,对弹性段骨架曲线进行了拟合,拟合曲线方程为:

$$y = 4.7376x - 0.3133 \qquad (5\text{-}2)$$

由骨架曲线的极值点可知该框架正向极限承载力(推力)为 241.76 kN,负向极限承载力(拉力)为 −259.47 kN。

对于此半刚性连接钢框架,延性系数大于 9,表明此类框架结构具有很好的塑性变形能力,具有很好的抗震性能。

5.3.4 破坏现象

试验加载初期,钢框架有微小的位移反应,随着加载继续增大,钢框架发出"吱吱"的响声,同时响声逐渐增大,这说明梁柱构件与作动器等连接处有间隙,这些间隙在荷载作用下开始挤紧,产生声响,当荷载增加到一定数值时,响声有所减弱,说明在反复荷载作用下各连接件之间的连接间隙逐渐顶紧。在试验间歇期间,用放大镜观察剖分 T 型钢翼缘与腹板交接处表面变形情况、高强螺栓滑移情况,同时用小尖锤轻轻敲击 T 型钢连接部位的高强螺栓,来判断高强螺栓是否松动。在加载初期,肉眼观察不到构件的变形变化,高强螺栓也没有发生滑移和松动现象。当加载到 $2\Delta y$ 时,剖分 T 型钢翼缘和腹板交接处氧化皮开始出现褶皱,表明这个剖分 T 型钢首先屈服出现塑性铰。随着位移的增大,当加载位移 $s = 62.7$ mm 时,3 区 T 型钢翼缘板与柱翼缘之间出现缝隙,如图 5-18 所示。当加载继续进行时,T 型钢翼缘板与柱翼缘之间的缝隙继续增大,同时钢框架产生了较大侧向位移,加载后期框架柱出现明显倾斜,柱脚翼缘发生局部屈曲破坏,结构的塑性铰开始在底层柱子处出现,框顶层发生了破坏。在试验终止时,T 型钢翼缘与其相接触的柱翼缘之间出现了明显拉开现象,T 型钢翼缘与腹板交接处可看到出现了明显的塑性变形,整个钢框架发生了平面外失稳,如图 5-19、图 5-20 所示。试验终止时,对各梁柱连接节点处高强螺栓逐一进行检查,发现在 T 型钢连接处特别是翼缘与腹板交接处高强螺栓发生微小滑移,也出现明显松动现象,表明高强螺栓连接达到了极限承载力状态,产生了滑移,并且螺栓预拉力损失严重。试验后拆除高强螺栓,发现在高强螺栓与剖分 T 型钢连接接触的滑移面有非常明显的擦痕,孔壁也有明显的挤压变形情况,说明在反复加载后期螺栓有滑移现象,这也可能是产生响声的主要原因。

图 5-18 施加位移 $s = 62.7$ mm 时框架 3 区节点变形

（a） （b）

图 5-19　钢框架 T 型钢连接节点最终破坏形态
（a）T 型钢翼缘与腹板交接处；（b）T 型钢连接件与柱翼缘拉开

图 5-20　柱脚与整体框架破坏图

本 章 小 结

　　本章通过对一个缩尺比例为 1∶2 的两层单跨双榀 T 型钢梁柱连接空间钢框架进行低周反复加载试验,得出以下结论:

　　(1) 试验测量了空间钢框架关键部位的应变发展情况,这些部位包括 T 型钢翼缘与腹板交接处、T 型钢翼缘、T 型钢腹板、梁柱连接处梁翼缘、梁柱连接处梁腹板、连接处柱翼缘和柱腹板、节点域、柱脚翼缘等。从这些关键部位的应变发展情况来看,梁柱连接中的 T 型钢上的应力发展最快,特别是在加载过程中 T 型钢翼缘与腹板交接处应力一直发展较快,并且加载初期,很快就达到了屈服应变,并且是下翼缘 T 型钢的应力发展最快,原因可能与楼层配重有关。梁柱连接处梁翼缘上的应变发展较慢,柱翼缘上的应变也发展较慢,但梁翼缘上的应变发展速度大于柱翼缘上的应变发展速度。

（2）通过观察高强螺栓在低周反复荷载作用下的受力情况,发现在加载过程中高强螺栓有松弛现象,加载后期产生了滑移,表明在低周反复荷载作用下,高强螺栓预拉力有明显的损失,这也可能是造成整体钢框架产生较大侧移的原因之一。

（3）通过试验得到了顶层荷载-位移关系的滞回曲线,从曲线中可以看出,在加载初期,荷载-位移呈明显的弹线性关系,随着加载的进行,呈现出典型的非线性关系,并且刚度也逐渐产生退化,加载后期,滞回曲线出现了抖动现象。整个滞回曲线呈梭形,无明显的"捏缩"现象,曲线饱满,说明T型钢连接空间钢框架塑性变形能力比较强,具有很好的耗能能力,在遭遇地震时能较好地吸收地震波能量,是一种比较理想的钢框架形式。

（4）试验后期由于钢框架产生过大侧移,并且整体钢框架产生了平面外失稳而试验终止。试验停止时,各梁柱连接部位,特别是T型钢连接件产生了很大的变形,T型钢与柱翼缘之间的缝隙也较大,但由于此类连接没有任何地方有施焊现象,因此整个钢框架在试验过程中没有出现脆性断裂的现象,这一点是焊缝连接钢框架无法想象的。

（5）在加载后期,空间框架的破坏现象与平面框架破坏现象一样,剖分T型钢梁柱连接空间钢框架出现了平面外失稳,说明钢框架的平面外刚度较弱,在设计时应特别注意。

（6）根据荷载-位移滞回曲线计算出T型钢梁柱连接空间钢框架等效黏滞阻尼比,由于结构的耗能能力和抗震能力随等效黏滞阻尼比增大而增强,因此,相对于单榀两层平面钢框架,试验中的空间钢框架具有较好的抗震性能和耗能特性。

6 T型钢连接空间钢框架拟动力试验研究

6.1 拟动力试验简介

目前广泛使用、相对拟静力试验较真实地模拟地震作用的抗震试验方法是拟动力试验。它的机理是将加载作动器和计算机连接在一起,通过信号系统传递信息,试验过程中,将计算机控制系统与结构在地震作用下的性能通过相关软件紧密结合,依据结构动力学方程的求解过程,来阐述和解释该抗震试验方法,同时可以实现数值积分等理论分析方法与抗震试验方法相结合,即理论与实践相结合的研究思想。结构的质量矩阵在结构动力学方程中为已知量,可直接代入方程式,通过试验实测得到结构的刚度矩阵,根据质量矩阵与刚度矩阵的线性关系(瑞利阻尼 $C = \alpha M + \beta K$),求得结构的阻尼矩阵,因此,结构的位移就可以采用数值积分方法求解结构动力学方程得到,此拟动力抗震试验方法的优势在于通过数据采集系统和相关软件直接获得结构的恢复力,不需要建立数学模型,可以减小理论计算模型与试验模型间存在差别而引起的误差;通过输入原始的典型地震波记录曲线,得到结构在地震作用下的动力反应时程曲线,经计算机系统的分析计算,施加给结构在地震作用下对应时刻的位移反馈值,利用数值积分求解结构动力学方程,得到结构在施加此位移作用后对应时刻的恢复力值,以及结构在地震作用下刚度发生的变化和结构的反应机理。实际上,此类抗震试验方法属于静力试验,它模拟结构在地震作用下的变性特征,与拟静力试验相比更真实。在试验加载的过程中,可以根据加载装置系统的作动器反馈的荷载和位移直接得出结构在地震作用下的恢复力特性,这可以减小和避免在理论分析计算时因利用数值模拟假定一定恢复力值而引起的误差问题,从而在一定程度上可以提高研究和分析时结构动力反应特性的准确性,因此,可以通过该类抗震试验方法实现结构体系相对复杂的结构在地震作用下的动力性能,使用和研究价值较高,目前在结构的抗震性能研究中已被众多研究者广泛应用。

6.2 拟动力试验原理

拟动力试验是根据动力反应方程进行相关的数值计算,求得结构的位移响应,将求得的位移响应施加到结构上:

$$M\ddot{u} + C\dot{u} + Ku = -M\ddot{u}_g \tag{6-1}$$

式中 M,C,K——结构的质量矩阵、阻尼矩阵、刚度矩阵;

$\ddot{u},\dot{u},u,\ddot{u}_g$——结构的加速度、速度、位移和地面加速度响应。

阻尼采用瑞利阻尼 $C = \alpha M + \beta K$,其中系数 α 和 β 表达式如下:

$$\alpha = \frac{2(\xi_i \omega_j - \xi_j \omega_i)\omega_i \omega_j}{(\omega_i - \omega_j)(\omega_i + \omega_j)} \tag{6-2}$$

$$\beta = \frac{2(\xi_i \omega_j - \xi_j \omega_i)}{(\omega_i - \omega_j)(\omega_i + \omega_j)} \tag{6-3}$$

式中　ω_i, ω_j——不同振型的圆频率；

　　　ξ_i, ξ_j——不同振型对应的阻尼比。

拟动力抗震试验方法在多年的发展下，在运行程序时通过输入已知的典型地震加速度时程曲线，先取当前 i 时刻对应的地震作用计算的恢复力和前一时刻（$i-1$ 时刻）对应的加速度值对应的恢复力，然后利用数值积分方法求解结构动力学方程，从而求得 i 时刻试验模型产生的位移 u_i，并对试验模型施加此位移 u_i，从而测得结构的恢复力 P_i，并根据地震加速度时程曲线取 $i+1$ 时刻的地震加速度值，同样采用数值积分方法来求得 $i+1$ 时刻的地震反应位移 u_{i+1}，并且同样将算得的位移施加在结构模型上，将此程序循环进行，直到试验结束，它能较好地模拟试验模型在地震作用下的耗能机理。

6.3　试验目的及内容

6.3.1　试验目的

（1）研究半刚性连接空间钢框架在地震作用下的滞回性能；
（2）研究半刚性连接空间纯钢框架在柱压作用下的动力性能的影响。

6.3.2　试验内容

（1）柱无轴压双自由度拟动力试验；
（2）柱加轴压双自由度拟动力试验。

6.4　试件设计与制作

本章参照常用的民用建筑柱网跨度、层高、梁柱断面尺寸以及试验装置（比如液压伺服作动器和反力架的放置情况），根据《钢结构设计标准》（GB 50017—2017）和《建筑抗震试验规程》（JGJ/T 101—2015）等相关标准规定，设计了一座缩尺比例为 1∶2 的 T 型钢半刚性连接钢框架空间模型。空间模型为两层、单开间、单跨：总高度 4.2 m，底层层高 2.2 m，顶层层高 2.0 m；开间、进深均为 3.0 m。框架柱强轴所在平面的梁柱采用 T 型钢半刚性连接，框架柱弱轴所在平面内的梁柱采用铰接，楼板处用 8 mm 钢板与框架梁连接。空间框架模型如图 5-2 所示。

梁柱连接采用剖分 T 型钢连接，连接形式如图 5-3 所示。

空间模型试件的梁、柱、T 型钢连接件均采用 Q235B 钢材，各构件的尺寸见表 5-1。梁柱连接节点的剖分 T 型钢由 H 型钢剖分而来，连接螺栓采用 10.9 级 M16 摩擦型高强螺栓，螺栓连接面喷砂处理，抗滑移系数 0.15。试件的梁柱取自同一批 H 型钢，测定具有相同的力学特性。梁翼缘宽厚比 $b/t = 16.67$，腹板高厚比 $h_0/t_w = 29.33$。框架柱脚采用刚性连接，柱与柱脚底板采用对接焊缝。柱脚加劲板均采用 8 mm 双面角焊缝。每个框架柱底板与试验台采用 4 根 M46 的地锚螺栓固定。

6.5 试 验 系 统

此次拟动力抗震试验系统的设备装置由试验模型、反力墙、伺服加载系统、数据采集仪器等组成。试验现场钢框架模型及加载安装参见图 5-4。

6.5.1 加载系统

加载系统由反力墙和北京佛力电液伺服加载系统组成。

反力墙为 L 型双向预应力混凝土反力墙,墙高 12 m,长 18 m+9 m,固定水平作动器。竖向钢反力架用于固定竖向作动器。

本次拟动力试验加载系统采用北京佛力电液伺服加载系统,根据试验目的,配置了 2 个水平作动器和 2 个竖向作动器。

其中二层设置 1 个 1000 kN 的水平作动器,对试验框架模型的顶层柱子端部施加水平动力响应;一层设置 1 个 500 kN 的作动器对试验框架模型的底层柱子端部施加水平动力响应。水平作动器通过楼层处的水平分配梁给钢框架施加水平响应。

在两个平面框架上各设置 1 个 2000 kN 的竖向作动器,通过设置于框架柱顶的分配梁将竖向荷载施加于柱顶。竖向作动器与反力架间设置有滚动支座,保证作动器与框架的协同反应。

试验所采用的加载系统所包含的作动器通过信号线与控制器相连,满足数据传输要求,作动器的示意见图 3-2。

6.5.2 测量系统

根据试验目的和试验控制要求,试验设置了应变测量系统和位移测量系统。

(1) 应变测量

试验主要在 T 型钢连接节点域、楼层柱、柱底、T 型钢连接处梁上下翼缘等关键部位布置应变片。试验中应变片的数据采用东华 DH3816N 静态信号采集仪进行采集,采集间隔时间为 1 s。

空间框架的两个平面框架按东、西编号,应变片布置如图 6-1 所示。

(2) 位移测量

拟动力试验采用的是位移控制加载方式,本次试验在一、二层梁柱节点处设置了 4 个水平位移计。为了减小加载装置与构件连接处的变形影响,试验采用外置位移计进行控制。东、西侧钢框架位移计布置如图 6-2 所示。

6.5.3 试验测试内容及测试仪器

试验主要测量内容为节点区域应变,包括 T 型钢腹板和翼缘应变、梁翼缘应变和柱翼缘应变;钢框架的层间位移;位移反馈和荷载反馈等。分别采用在测点处贴应变片,利用静态应变仪采集数据;利用外置位移计测得层间位移;利用佛力加载系统的内置位移传感器和内置力传感器测得测点的位移反馈和荷载反馈。

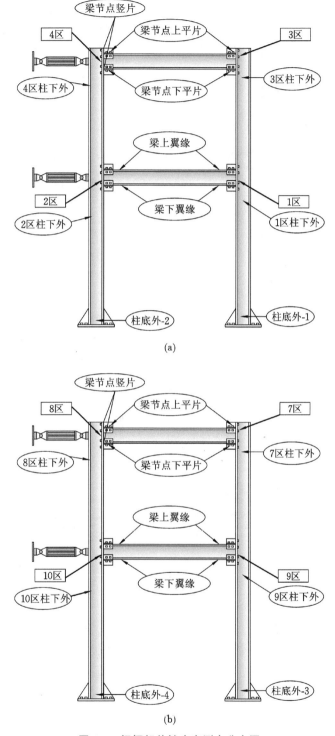

(a)

(b)

图 6-1 钢框架关键应变测点分布图

（a）钢框架 A 轴应变片布置；（b）钢框架 B 轴应变片布置

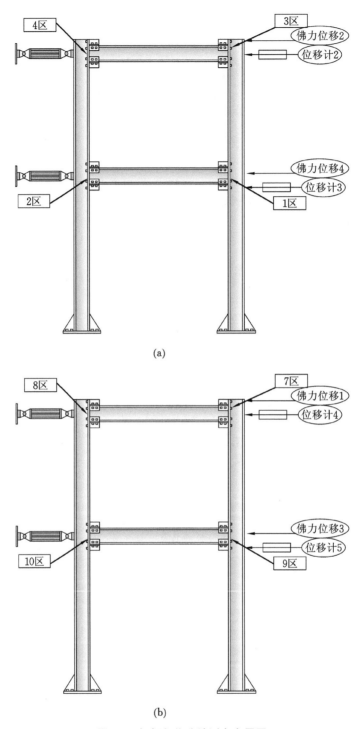

图 6-2　钢框架位移计测点布置图

（a）A 轴钢框架位移计布置图；（b）B 轴钢框架位移计布置图

6.6　钢材材料性能

钢材材料性能试验所采用的碳素结构钢(Q235B)试样符合《碳素结构钢》(GB/T 700—2006)规定的技术要求,低合金高强度结构钢(Q345B)符合《低合金高强度结构钢》(GB/T 1591—2018)规定的技术要求。检测依据为《金属材料　拉伸试验　第 1 部分:室温试验方法》(GB/T 228.1—2010)以及《金属材料　弯曲试验方法》(GB/T 232—2010)。钢材性能检测设备采用万能材料试验机 WE-600A。

钢材的材料性能试验为单向拉伸试验,主要测定钢材的规定塑性屈服强度 $R_{P0.2}$、抗拉强度 R_m、伸长率等,为试验和数值分析提供相关参数。

本试验的试样分别从与框架中柱(HW175×175)、梁(HM200×150)同一批热轧 H 型钢的腹板和翼缘上截取的,通过单轴拉伸试验得到各个试样的应力-应变曲线及主要材料参数,计算得到材料的屈服应变。各试样的主要材料性能参数如表 6-1 所示。

表 6-1　钢材材料性能试验结果

编号	规格	材质	规定塑性延伸强度 $R_{P0.2}$（MPa）	抗拉强度 R_m（MPa）	伸长率（%）
1	HW175×175 翼缘	Q235B	275	430	32.0
2	HW175×175 腹板	Q235B	273	436	34.0
3	HM200×150 翼缘	Q235B	268	445	35.0
4	HM200×150 腹板	Q235B	285	437	36.0

6.7　试验地震波的选取

相关观测结果表明,地震波的随机性较大,在不同场地上相同地震作用下可以得到不同的地震波时程曲线,通过输入地震波时程曲线可以分析结构的地震响应,结构的地震反应在不同的地震作用下差距很大,有的相差十几个数量级;因此,合理选择试验地震波记录曲线成为拟动力试验过程中的关键因素,在抗震性能研究中常选用的地震波共有三种:①拟建场地实际发生的地震波;②原始的典型地震波;③人工地震波。其中场地实际发生的地震波是理想波,现实中没有实际的地震波记录供拟建场地利用,所以难以实现此类地震波的选取和施加,同时根据地震局对地震波采集和观测的结果,得出地震波具有较强的随机性和地震响应的唯一性,根据已发生的地震时程曲线不能反映结构再次施加地震作用时的性能,原始的典型地震波是已有的与场地所在周期相近的地震时程曲线,共分为四类场地的地震波:松潘、滦河地震波属Ⅰ类场地,EL-Centro、Taft 地震波属Ⅱ类场地,宁河地震波属Ⅲ、Ⅳ类场地。国内相关研究专家综合国内外已发生的强烈地震波,将其整理成时程曲线,典型的地震波相对较多,因此在研究中多选取原始的典型地震波作为试验地震波。

6.7.1 地震波要素和选取原则

由于不同地震波的随机性和地震响应施加给结构的作用不同,在选取试验地震波特别是原始的典型地震波时,必须预先了解并思考地震波本身所具备的三个要素:

(1) 幅值

一般利用地震波发生时地面运动产生的速度、加速度以及位移这三个物理量的最大值或有效值来表示地震波的幅值,而通常我们在进行结构分析时,为保证结构动力学方程求解时单位的统一,为结构的理论分析和计算提供便利,常常将地震波的幅值使用加速度的幅值表示,这对控制试验的初始条件有利。

对结构体系的抗震性能进行研究时,要严格按照《建筑抗震设计规范》(GB 50011—2010)对加速度取值的要求(见表 6-2),根据场地的地震设防烈度选取对应的加速度峰值,同时可依据选取的地震波峰值、加速度时程曲线的峰值,对选取的试验地震波进行归一处理,使其满足结构抗震设防的要求。

表 6-2　时程分析所用地震加速度时程曲线的最大值(gal)

地震影响	6 度	7 度	8 度	9 度
		$0.10g(0.15g)$	$0.20g(0.30g)$	$0.40g$
多遇地震	18	35(55)	70(110)	140
罕遇地震	—	220(310)	400(510)	620

注:括号外、内数值分别用于设计基本地震加速度 $0.15g$ 和 $0.30g$ 的地区。

(2) 频谱特性

通常利用地震反应的幅值和频率间的关系来反映地震波的频谱,频谱属于特征参数,而频谱特性有不同的特征值,例如频谱的形状、最佳周期以及反应的峰值。根据国内外以往发生的地震灾害实例可以得出,不同结构体系在遭受同一地区发生的地震作用时所发生的破坏程度不同,这表明地震波的频谱特性对不同周期的结构体系的地震反应的影响有差异,虽然同一地区运动地面的最佳周期接近于场地土的自振周期,但是由于不同的结构体系具有不同的震中距,因此,所施加的加速度反应时程曲线有所不同,通常依据地震影响系数的曲线形状、场地类别以及地震的设计分组来确定地震波的频谱特性,同时选取地震波时一般从以下两个方面考虑:

① 周期:应选取其最佳周期与场地土的特征周期基本一致的地震波;

② 震中距:应选取其震中距与场地土的震中距相一致的地震波。

(3) 持续时间

地震波的持续时间主要指地震发生时该波振动所持续的时间。众多研究表明,由结构的可靠性可知,地震波的持续时间越长,结构体系需要耗散的能量越多,结构承担地震作用的反应越激烈,损害程度可能随之增大,因此,地震波的持续时间对结构体系在遭受地震作用时的反应有较大的影响,在确定持续时间时应按照以下原则进行:

① 持续时间应含有地震波反应时程曲线的峰值以及地震反应幅值波动较大的时间段,

以便达到更真实的模拟效果；

②　如果只分析结构体系在弹性范围内的地震反应,可以选取较短的持续时间,反之,应增大地震加速度时程曲线的选取长度,以增加地震波的持续时间；

③　通常在确定地震波的持续时间时,根据结构特征周期的 5～10 倍进行确定。

6.7.2　地震波的选取和调整

本次试验主要研究 T 型钢连接平面钢框架模型在弹性阶段的抗震性能,主要从以下几个方面选取试验地震波：

（1）假定本次试验的钢框架模型在 Ⅱ 类场地上,该类场地土的特征周期为 0.3 s 左右,EL-Centro 波的最佳周期接近 Ⅱ 类场地土的特征周期,所以,试验选取 EL-Centro 波,波形如图 6-3 所示。

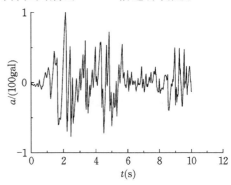

图 6-3　EL-Centro 波转换波

（2）本章试验主要分析结构在弹性阶段的变化特点及趋势,可以通过表 6-2 中的加速度峰值的规定,对本次试验地震波的加速度峰值进行调整,主要研究 T 型钢连接钢框架在 70 gal、140 gal 峰值加速度时弹性范围内的地震反应情况,如图 6-4 所示。

（3）按照地震波的选取原则和 EL-Centro 波的持续时间,本试验将试验地震波的持续时间定为 10 s,Δt 按照模型的时间相似比取 0.02 s。

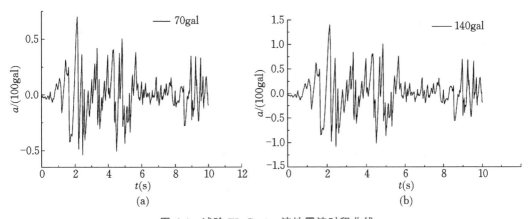

（a）　　　　　　　　　　　　　　（b）

图 6-4　试验 EL-Centro 波地震波时程曲线

6.8　试验步骤

6.8.1　试验参数的确定

进行正式加载前,首先要确定试验模型的已知物理量,然后通过预加载实测钢框架模型的刚度,对模型循环加载,实测到结构的反力、位移,计算其荷载-位移的比值,获得结构的初始刚度,本次试验将钢框架模型控制在弹性范围内,因此为防止测量刚度时破坏结构,每级加载时应控制施加荷载的大小,测量多自由度体系的刚度时,通过多次循环加载确定试验模型的初始刚度。本次试验采用串联的双自由度体系,钢框架模型如图 6-5 所示,其刚度矩阵为:

$$\boldsymbol{K} = \begin{pmatrix} k_{11} & k_{12} \\ k_{21} & k_{22} \end{pmatrix} = \begin{pmatrix} k_1 + k_2 & -k_2 \\ -k_2 & k_2 \end{pmatrix} \tag{6-4}$$

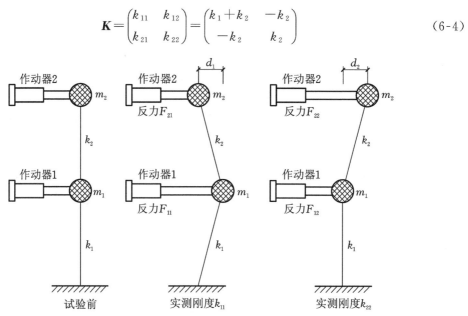

图 6-5 实测模型初始刚度示意图

测量试验模型的初始刚度时,共反复加载两次:首先使试验模型底层的点 m_1 不动,在试验模型的顶层 m_2 点施加 2 kN 的荷载,从而测得模型的刚度 k_{22},然后进行卸载;第二次使试验模型的顶层点 m_2 处于不加载状态,给试验模型的底层 m_1 点施加 2 kN 的荷载,测得刚度 k_{11},最后进行卸载。操作时首先测刚度 k_{22}:第一步,竖向加载 100 kN,m_2 点荷载控制,m_1 点位移控制,荷载为零;第二步,控制 m_2 点逐级加载,每次加载 2 kN,加载完保持 5 min 后再加载下一级,加至 8 kN,记录位移和荷载的值;第三步,由位移与力算出 k_{22}。然后测刚度 k_{11}:第一步,竖向加载 100 kN,m_1 点荷载控制,初始为零,m_2 点位移控制,荷载为零;第二步,保持 m_2 点位移不变,对 m_1 逐级加载,每次加载 2 kN,加载后保持 5 min 后再加载下一级,加至 8 kN,记录位移和荷载的值;第三步,由位移与力算出 k_{11}。并由 $k_{12} = k_{21} = -k_{22}$,计算出初始刚度矩阵。由于同一时刻作动器反馈的荷载与位移之比不是常量,因此得到的刚度为变量,通过线性回归将每时刻的刚度进行综合分析,得到结构整体的层间刚度值,但由于双自由度体系质点间的相互影响,在试验加载的过程中,给 1 号作动器施加位移或荷载时,不能保证 2 号作动器完全固定,因此,实际测到的刚度值存在一定误差,同时根据结构动力学方程和数值积分方法,初始刚度只影响试验的前几步反应,试验时数值积分过程中结构的刚度特性将不断得到修正,可以减小和消除所输入的初始刚度的误差。因此,结构初始刚度存在的误差一般不会影响拟动力试验的结果。

模型的质量矩阵 $\boldsymbol{M}$ 根据模型的实际质量确定,楼层质量为 $m_1 = m_2 = 5200$ kg。可通过试验模型的质量矩阵 M 和初始刚度矩阵 K 的线性关系以及模型的材料特性确定阻尼矩阵 C，本次试验综合二者情况确定阻尼比为 0.02。

$$C = \tau_m M + \tau_k K \tag{6-5}$$

6.8.2 试验加载方案

本次拟动力试验采用双自由度加载方法对钢框架施加模拟地震作用。加载程序采用佛力公司的电液伺服系统编制的拟动力程序进行拟动力计算和加载。电液伺服系统拟动力程序采用中央差分法算法，积分步长 $\Delta t = 0.02$ s，每步得出计算响应后，加载时间 10 s，持续 10 s。静态应变仪采集数据时，连续采样。

（1）首先测出整个框架的层间刚度；

（2）将计算的楼层质量和楼层刚度等参数，设置进入程序；

（3）根据试验的要求，选择相应的加速度峰值为 70 gal、140 gal 和 220 gal 的 EL-Centro 地震波，进行拟动力试验；

（4）按试验目的，试验分组分为不加柱压、加柱压两大组；

（5）通过应变反应进行监控，保证加载时整个框架处于弹性工作阶段，控制试验处于弹性工作阶段的原因主要是本框架模型还将用于拟静力试验。

6.9 试验现象

按照试验方案，依次进行峰值为 70 gal、140 gal、220 gal 地震波双自由度拟动力试验。试验中，有以下试验现象。

（1）70 gal 试验时，钢框架二层柱顶最大位移达到 1.36 mm，钢框架的位移反应微小，试验过程中，未听到声响。

（2）140 gal 试验时，钢框架二层柱顶最大位移达到 3.61 mm，试验过程中，在正、负位移变换过程中，到位移 0 位附近时，伴有三四声较大的声响。

（3）220 gal 试验时，钢框架二层柱顶最大位移达到 6.19 mm，钢框架的位移反应较大。试验过程中，在正、负位移变换过程中，到位移 0 位附近时，伴有连续的较大声响。通过 0 位向两侧最大位移发展，接近最大位移时，钢框架无声响反应。

以上现象说明，地震激励大，位移反应过大时，T 型半刚性连接节点的螺栓连接处产生相对滑移，释放出声响。当位移荷载增加到一定程度时，组件紧密接触，响声有所减弱，连接件与梁柱构件顶紧，滑移减弱。经历过摩擦阶段之后，螺栓杆与孔壁顶紧，开始传递作用力、承受荷载。

试验前后，根据楼层刚度测试结果，显示试验前后钢框架刚度未发生明显变化。

6.10 无柱压双自由度试验结果及分析

本节空间钢框架采用双自由度法加载，一、二层楼层处质量 $M_1 = M_2 = 5200$ kg，在柱顶不施加压力的情况下，进行了 70 gal、140 gal、220 gal 三组拟动力试验。

6.10.1 无柱压 70 gal 试验结果分析

（1）楼层水平位移曲线（图 6-6）

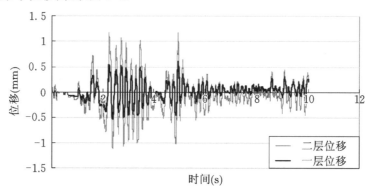

图 6-6　70 gal 楼层水平位移曲线

（2）楼层荷载作用曲线（图 6-7）

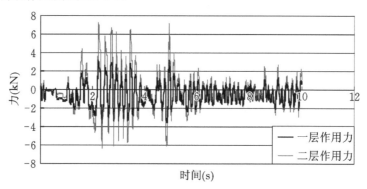

图 6-7　70 gal 楼层荷载作用曲线

（3）底部剪力曲线（图 6-8）

从图 6-6 可以看出，当输入地震波峰值为 70 gal 时，一层楼层和二层楼层的位移呈层高比例关系，最大水平位移为 1.17 mm，水平位移的波形与输入地震波波形相似。

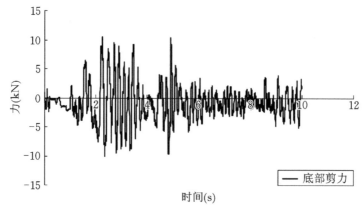

图 6-8　70 gal 底部剪力曲线

从图 6-7 可以看出,一层、二层作用力拉压两个方向不完全一致,这主要是由于各连接件之间以及模型内部、作动器与反力墙之间等存在一些微小间隙,正向二层作用力最大为 7.29 kN,反向作用力最大为 6.35 kN,两层作用力反应波形与输入地震波波形相似。

图 6-8 为底部剪力曲线,底部剪力曲线正反向非常接近,双向最大值为 ±10.47 kN 左右,反应波形与输入地震波波形相似。

由于输入的地震波峰值较小,只有 70 gal,应变反应较小,底部剪力也较小,整个框架处于完全弹性范围之内,各种反应曲线与地震波波形相似。

6.10.2 无柱压 140 gal 试验结果分析

图 6-9～图 6-12 为无柱压,输入地震波峰值为 140 gal 时的试验数据。

(1) 楼层水平位移曲线

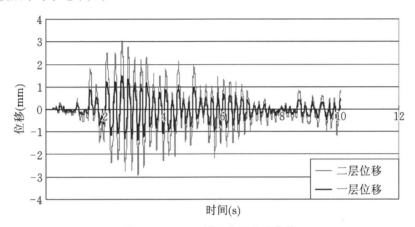

图 6-9 140 gal 楼层水平位移曲线

(2) 楼层荷载作用曲线

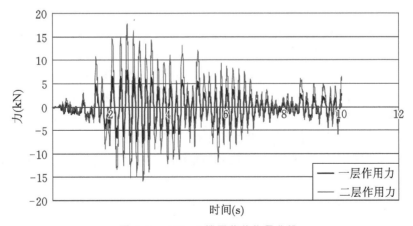

图 6-10 140 gal 楼层荷载作用曲线

(3) 底部剪力曲线

图 6-9 为楼层水平位移曲线,从中可以看出,一层和二层楼层水平位移按比例变化,正

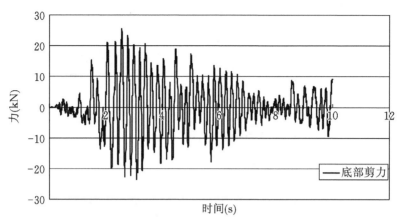

图 6-11　140 gal 底部剪力曲线

向最大水平位移和反向最大水平位移不在一个循环中,和 70 gal 时不同,但二者绝对值非常接近,最大值为 3.05 mm,水平位移反应波形与输入地震波波形略有不同,反应没有 70gal 时那么突兀。

从图 6-10 可以看出,一层、二层作用力拉压两个方向不完全一致,最大值也不在一个循环中,主要原因可能是各连接件之间以及模型内部、作动器与反力墙之间等存在一些微小间隙,正向二层作用力最大为 17.82 kN,反向作用力最大为 15.88 kN,两层作用力反应波形与输入地震波波形相似。

图 6-11 为底部剪力曲线,底部剪力曲线正反向比较接近,但正反方向最大值不在一个循环中,正向底部剪力最大值为 25.67 kN,反向底部剪力最大值为 23.62 kN,反应波形与输入地震波波形相似。

图 6-12 为输入地震波 140 gal 时节点处部分应变片应变情况,以 8 区(一层梁与柱交接区域)、10 区(柱脚处柱翼缘)应变为例来分析。图 6-12(a)和图 6-12(b)为 8 区和 10 区竖向应变片的应变情况,可以看出,由于框架柱处于完全弹性范围之内,无论是节点上方的竖向应变片还是节点下方的竖向应变片,两个区域的应变几乎一致,图 6-12(a)中应变变化比较平缓,正反两个方向的峰值非常接近,约为 85 $\mu\varepsilon$,在一些反应比较小的时刻,由于连接缝隙的影响,正反两个方向并不对称。图 6-12(b)中应变变化比较剧烈,正反两个方向的峰值相差比较大,正向最大值为 180 $\mu\varepsilon$,反向最大值为 75 $\mu\varepsilon$,由于连接缝隙的影响,正反两个方向并不对称,很明显偏于正向。图 6-12(c)和图 6-12(d)为 8 区和 10 区水平向应变片的应变情况,可以看出,由于框架柱处于完全弹性范围内,无论是节点上方的水平向应变片还是节点下方的水平向应变片,两个区域的应变呈比例变化,图 6-12(c)中应变变化比较平缓,10 区正反两个方向的峰值非常接近,约为 175 $\mu\varepsilon$,在一些反应比较小的时刻,由于连接缝隙的影响,正反两个方向并不对称。图 6-12(d)中应变变化比较剧烈,正反两个方向的峰值有一定差别,正向最大值为 175 $\mu\varepsilon$,反向最大值为 200 $\mu\varepsilon$。

6.10.3　无柱压 220 gal 试验结果分析

图 6-13 至图 6-16 为无柱压下输入地震波峰值为 220 gal 时的试验结果。

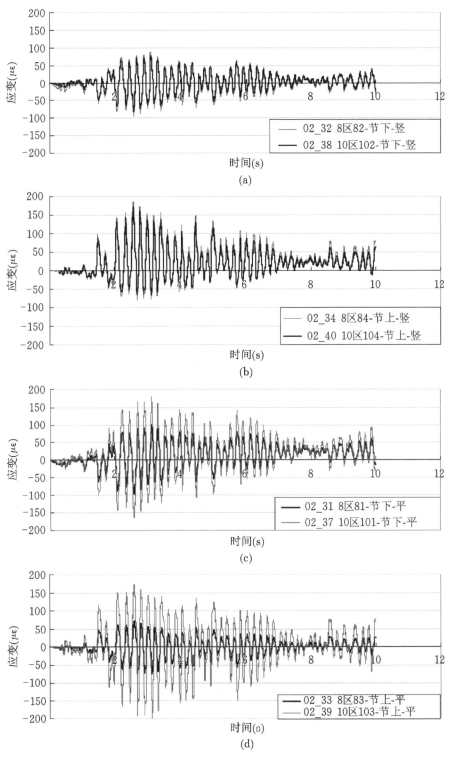

图 6-12 140 gal 节点应变

(a)、(b) 节点竖片对比；(c)、(d) 节点平片对比

（1）楼层水平位移曲线

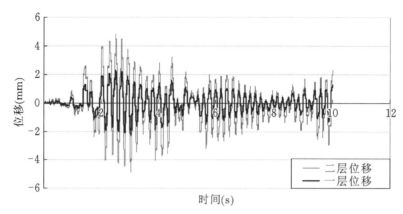

图 6-13　220 gal 楼层水平位移曲线

（2）楼层荷载作用曲线

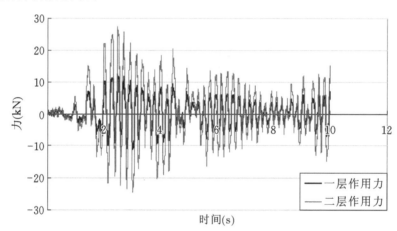

图 6-14　220 gal 楼层荷载作用曲线

（3）底部剪力曲线

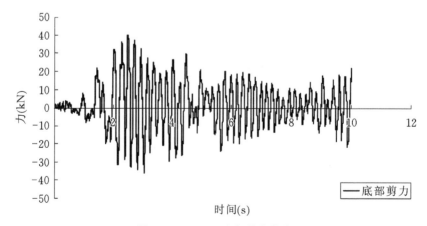

图 6-15　220 gal 底部剪力曲线

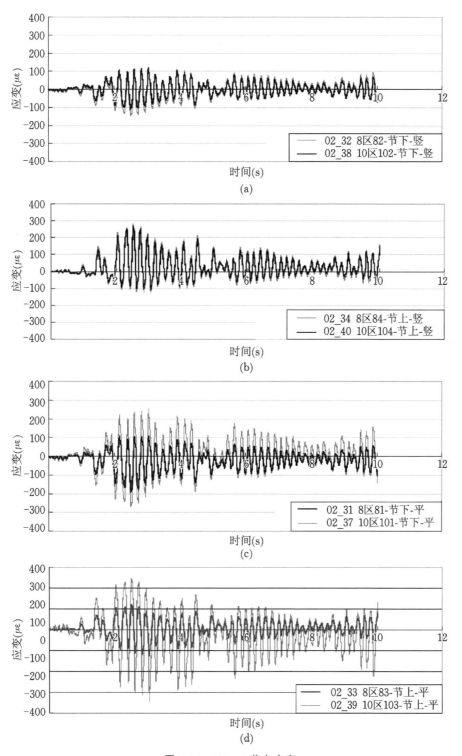

图 6-16 220 gal 节点应变

(a)、(b) 节点竖片对比；(c)、(d) 节点平片对比

图 6-13 为输入地震波 220 gal 时楼层的水平位移时程曲线,由图 6-13 可知,钢框架一层和二层水平位移幅度呈比例变化,钢框架推拉时的最大水平位移为 4.83 mm,水平位移反应波形与输入地震波波形略有不同,反应没有那么突兀,比较平缓。

从图 6-14 可以看出,一层、二层作用力拉压两个方向非常接近,最大值也不在同一个循环中,正向二层作用力最大为 27.29 kN,反向作用力最大为 24.76 kN,两层作用力反应波形与输入地震波波形相似。

图 6-15 为输入地震波 220 gal 时底部剪力曲线,底部剪力曲线正反向比较接近,正向最大值为 39.82 kN,反向最大值为 35.82 kN,但正反方向最大值不在同一个循环中,反应波形与输入地震波波形相似。

图 6-16 为输入地震波 220 gal 时节点处部分应变片应变情况,以 8 区(一层梁与柱交接区域)、10 区(柱脚处柱翼缘)应变为例来分析。图 6-16(a)和图 6-16(b)为 8 区和 10 区竖向应变片的应变情况,可以看出,由于框架柱处于完全弹性范围内,无论是节点上方的竖向应变片还是节点下方的竖向应变片,两个区域的应变几乎一致,图 6-16(a)中应变变化比较平缓,正反两个方向的峰值非常接近,约为 110 $\mu\varepsilon$,在一些反应比较小的时刻,由于连接缝隙的影响,正反两个方向并不对称。图 6-16(b)中应变变化比较剧烈,正反两个方向的峰值相差比较大,正向最大值为 260 $\mu\varepsilon$,反向最大值为 110 $\mu\varepsilon$,由于连接缝隙的影响,正反两个方向并不对称,明显偏向于正向。图 6-16(c)和图 6-16(d)为 8 区和 10 区水平向应变片的应变情况,可以看出,由于框架柱处于完全弹性范围内,无论是节点上方的水平向应变片还是节点下方的水平向应变片,两个区域的应变呈比例变化,图 6-16(c)中应变变化比较平缓,10 区正反两个方向的峰值非常接近,约为 260 $\mu\varepsilon$。图 6-16(d)中应变变化比较剧烈,正反两个方向的峰值有一定差别,正向最大值为 240 $\mu\varepsilon$,反向最大值为 350 $\mu\varepsilon$。

6.10.4 无柱压试验结果对比分析

图 6-17 是三种加速度作用下的钢框架二层处的位移和荷载作用反应,从图中可看出,钢框架的位移和荷载反应与加速度峰值保持较好的正比关系。

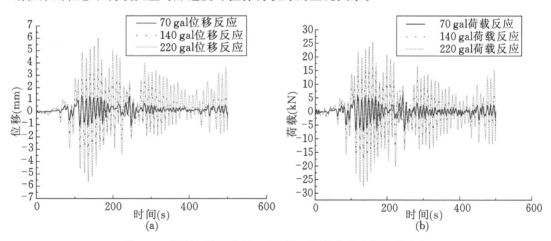

图 6-17 不同加速度峰值工况下的三层位移反应和荷载反应

(a) 不同加速度峰值工况下的顶层位移反应;(b) 不同加速度峰值工况下的顶层荷载反应

根据表 6-3、图 6-18 可知,二层与一层楼层处正、负向最大水平位移对比,可看出:一、二层位移变形比例保持较好,二层的位移是一层位移的 2 倍;且随着外部加速度峰值的增加,二层较一层的变形比有逐渐增加的趋势。

图 6-3 无柱压一、二层楼层位移关系表

楼层	负向最大位移(mm)			正向最大位移(mm)		
	70 gal	140 gal	220 gal	70 gal	140 gal	220 gal
一层	−0.53	−1.40	−2.26	0.6	1.48	2.31
二层	−1.11	−2.94	−4.87	1.17	3.05	4.83
比值	2.09	2.10	2.15	1.95	2.06	2.09
平均值	2.12			2.03		

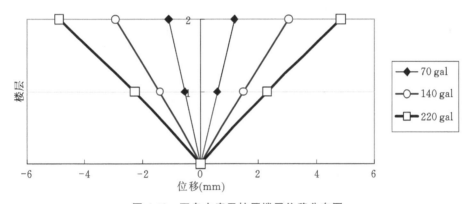

图 6-18 双自由度无柱压楼层位移分布图

表 6-4 为无柱压数据分析表。由表 6-4 结果可知,以 70 gal 加速度结果为基准,140 gal、220 gal 的加速度峰值增加 2 倍、3.14 倍,对应的一层正向位移增加比例分别为 2.47、3.85 倍,对应的一层负向位移增加比例为 2.64、4.26 倍,二层正向位移增加比例分别为 2.61、4.13 倍,二层负向位移增加比例分别为 2.65、4.39 倍。可以看出,由于采用半刚性连接节点,楼层处的水平位移有 25%~35%的增加,地震时可以有效地增加地震消耗。

表 6-4 无柱压数据分析表

加速度峰值	一层		二层		底部剪力	
	最大位移(mm)	比值	最大位移(mm)	比值	底部剪力(kN)	比值
70 gal	0.60	1.00	1.17	1.00	10.47	1.00
	−0.53	1.00	−1.11	1.00	−9.97	1.00
140 gal	1.48	2.47	3.05	2.61	25.67	2.37
	−1.40	2.64	−2.94	2.65	−23.62	2.45
220 gal	2.31	3.85	4.83	4.13	39.81	3.59
	−2.26	4.26	−4.87	4.39	−35.82	3.80

对钢框架弯矩较大的第一层楼层处的梁柱节点（1 区）进行分析，框架梁端与节点域对应位置的应变关系如图 6-19 所示，框架柱与节点域对应位置的应变关系如图 6-20 所示。分析图形可发现以下规律：

① 随着加速度峰值的增加，梁、柱、节点域的应变反应均呈增大的趋势，节点域内应变的增长倍数分别为 1、2.41、3.7 倍，与一层处位移的增加倍率一致。

② 节点域的应变值均大于相对应位置的框架梁、框架柱的应变，说明节点会先于框架梁、框架柱屈服。

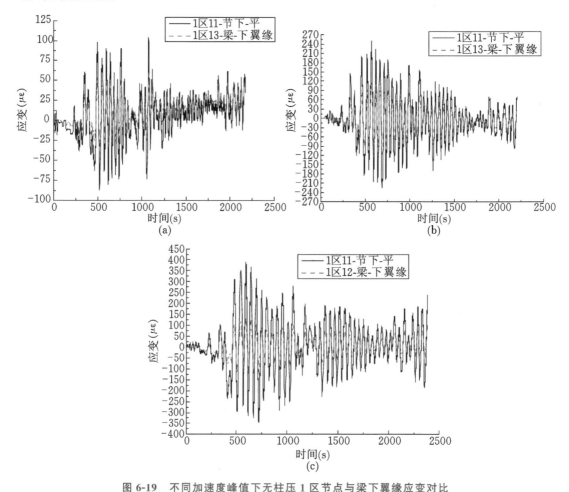

图 6-19　不同加速度峰值下无柱压 1 区节点与梁下翼缘应变对比

(a) 70 gal 无柱压 1 区节点与梁下翼缘应变对比；(b) 140 gal 无柱压 1 区节点与梁下翼缘应变对比；

(c) 220 gal 无柱压 1 区节点与梁下翼缘应变对比

图 6-21、图 6-22 分别为 140 gal 和 220 gal 时无柱压一节点竖片对比与平片对比。研究东南侧框架柱一层节点（10 区）和二层节点（8 区）区内平片、竖片的应变情况，可发现以下规律：

① 图 6-21(a)和图 6-22(a)中的竖片对应的是与柱连接的 T 型节点板的应变情况，通过对比可发现：上下层相同位置应变片的应变值基本一致。

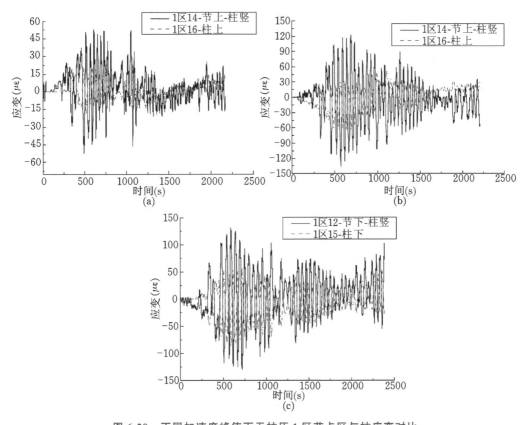

图 6-20　不同加速度峰值下无柱压 1 区节点区与柱应变对比

（a）70 gal 无柱压 1 区节点区与柱应变对比；（b）140 gal 无柱压 1 区节点区与柱应变对比；

（c）220 gal 无柱压 1 区节点区与柱应变对比

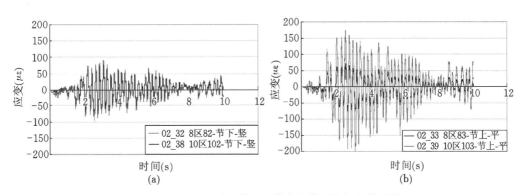

图 6-21　140 gal 时无柱压一节点竖片对比与平片对比

（a）节点竖片对比；（b）节点平片对比

② 图 6-21(b)和图 6-22(b)中的平片对应的是与梁连接的 T 型节点板的应变情况,通过对比可发现：上下层相同位置应变片的应变值有较大差异,一层的应变要大于二层的应变。

③ 根据以上两种情况可知,T 型节点板在屈服前,与柱连接的板受力变形较小；与梁连接的板受力变形较大,且楼层越低应变越大。

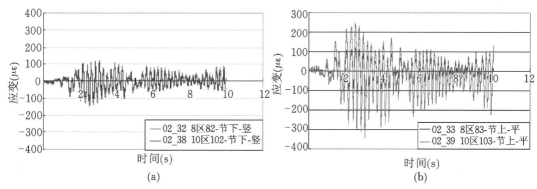

图 6-22　220 gal 时无柱压一节点竖片对比与平片对比

(a)节点竖片对比;(b)节点平片对比

6.11　柱加压双自由度试验结果及分析

本节的空间钢框架试验,首先通过带滚动支座的 2000 kN 竖向作动器及柱顶分配梁,在每根柱顶施加 $N=5200$ kN 压力,然后根据双自由度加载法,按楼层质量参数不同进行两类三组拟动力试验。

(1) 一、二层楼层质量为 $M_1=M_2=5200$ kg,进行 140 gal、220 gal 两组拟动力试验。

(2) 一、二层楼层质量为 $M_1=M_2=15600$ kg,进行一组 140 gal 拟动力试验。

6.11.1　柱加压 140 gal 试验结果分析

图 6-23 为一、二层楼层质量为 $M_1=M_2=5200$ kg,进行 140 gal 拟动力试验的结果。从图 6-23(a)中可以看出,一层位移和二层位移呈比例变化,但由于各部位连接缝隙的存在,正反两个方向反应并不一致,整体偏向于正向,正向峰值为 1.91 mm,反向峰值为 1.22 mm,反应波形与输入地震波波形略有不同,出现两次峰值。从图 6-23(b)中可以看出,一层作用力和二层作用力呈比例变化,但由于各部位连接缝隙的存在,正反两个方向反应并不一致,整体偏向于正向,正向峰值为 11.03 kN,反向峰值为 10.6 kN,反应波形与输入地震波波形略有不同,出现两次峰值。从图 6-23(c)中可以看出,底部剪力由于各部位连接缝隙的存在,正反两个方向反应不一致,整体偏向于正向,正向峰值为 22.29 kN,反向峰值为 15.53 kN,反应波形与输入地震波波形略有不同,出现两次峰值。

6.11.2　柱加压 220 gal 试验结果分析

图 6-24 为一、二层楼层质量为 $M_1=M_2=5200$ kg,进行 220 gal 拟动力试验的结果。从图 6-24(a)中可以看出,一层位移和二层位移呈比例变化,但由于各部位连接缝隙的存在,正反两个方向反应不一致,整体偏向于正向,正向峰值为 3.83 mm,反向峰值为 3.25 mm,反应波形与输入地震波波形略有不同,出现两次峰值。从图 6-24(b)中可以看出,一层作用力和二层作用力呈比例变化,正反两个方向反应基本一致,正向峰值为 25.15 kN,反向峰值为 22.27 kN,

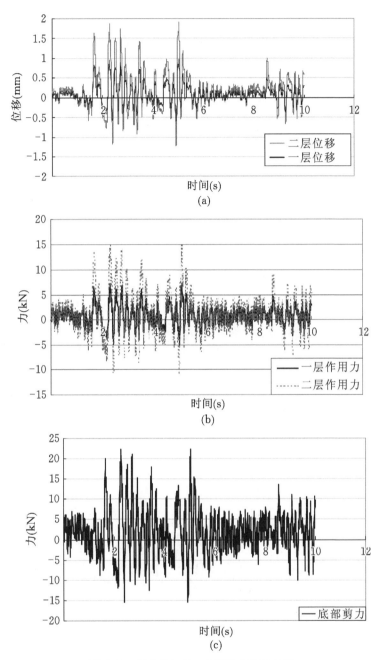

图 6-23 柱加压 140 gal 拟动力试验结果

（a）柱加压 140 gal 楼层水平位移曲线；（b）柱加压 140 gal 楼层荷载作用曲线；（c）柱加压 140 gal 底部剪力曲线

反应波形与输入地震波波形略有不同，出现两次峰值。从图 6-24（c）中可以看出，底部剪力正反两个方向反应基本一致，正向峰值约为 36.18 kN，反向峰值为 32.87 kN，反应波形与输入地震波波形略有不同，出现两次峰值。

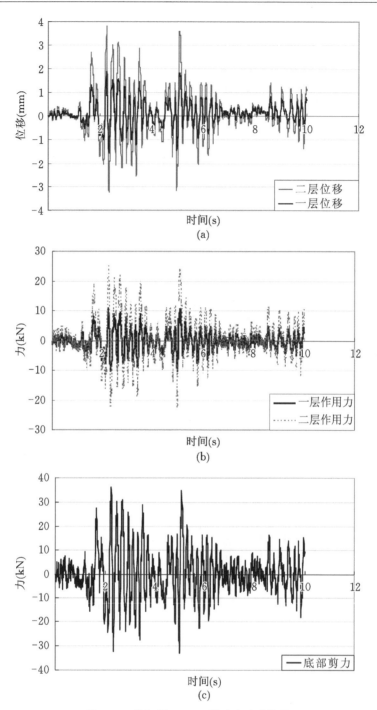

图 6-24　柱加压 220 gal 拟动力试验结果

（a）柱加压 220 gal 楼层水平位移曲线；（b）柱加压 220 gal 楼层荷载作用曲线；（c）柱加压 220 gal 底部剪力曲线

6.11.3　柱加压 140 gal(3M)试验结果分析

空间钢框架按双自由度加载法，每根柱顶施加 $N=5200$ kN 压力，设置一、二层楼层质

量参数为 $M_1=M_2=15600$ kg，进行了一组加速度峰值为 140 gal 的拟动力试验。图 6-25 为试验时部分反应曲线。

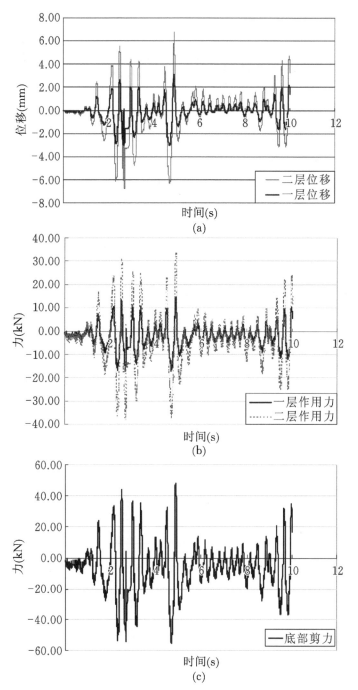

图 6-25　柱加压 140 gal(3M)拟动力试验结果

(a) 柱加压 140 gal(3M)楼层水平位移曲线；(b) 柱加压 140 gal(3M)楼层荷载作用曲线；

(c) 柱加压 140 gal(3M)底部剪力曲线

从图 6-25(a)中可以看出,一层位移和二层位移呈比例变化,正反两个方向反应基本一致,整体略偏向于正向,峰值为±6.7 mm,正向峰值和前面试验不同,出现在较靠后时刻(5 s 时刻),反向峰值出现在 2.7 s 时刻。从图 6-25(b)中可以看出,一层楼层作用力和二层作用力呈比例变化,正反两个方向反应基本一致,正向峰值为 37.94 kN,反向峰值为 33.59 kN,反应波形与输入地震波波形略有不同,出现两次峰值。从图 6-25(c)中可以看出,底部剪力正反两个方向反应基本一致,峰值约为±48 kN,反应波形与输入地震波波形基本一致。

6.11.4 柱加压试验结果对比分析

将施加柱顶压力,且楼层质量 $M_1=M_2=5200$ kg,进行的 140 gal、220 gal 两组拟动力试验数据进行比较分析,可发现以下规律:

① 对一、二层的楼层位移进行比较,比较结果如表 6-5、图 6-26 所示,可以看出:一、二层位移在正负两个方向均保持较好比例,二层的位移是一层位移的 2.06 倍;且随着外部加速度峰值的增加,二层与一层的变形比有逐渐增加的趋势。

② 通过对比柱加轴压和柱无轴压的一二层楼层位移关系表(表 6-6、表 6-7)发现,在柱加压前后,一、二层的位移关系比例基本没有发生变化。

由无柱压和柱加压的 140 gal、220 gal 楼层作用力关系表(表 6-6),可发现以下规律:

① 无柱压时,推拉两个方向的作用力保持一致,且作用力的比例关系为 1.53(平均值),与峰值加速度的比例关系 1.57 基本一致。说明钢框架在弹性范围内,由加速度增量引起的楼层的地震作用关系成正比。

表 6-5 双自由度柱加压一、二层楼层位移关系表

楼层	负向最大位移(mm)		正向最大位移(mm)	
	140 gal	220 gal	140 gal	220 gal
一层	−0.61	−1.54	0.97	1.88
二层	−1.22	−3.25	1.91	3.83
二层与一层的比值	2.00	2.11	1.97	2.04
平均值	2.06		2.00	

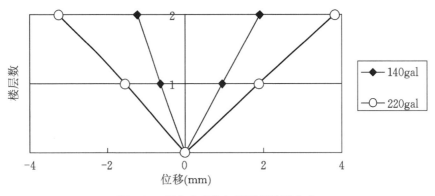

图 6-26 双自由度柱加压楼层位移分布

表 6-6 楼层作用力关系表

加速度峰值		一层作用力(kN)		二层作用力(kN)		底部剪力(kN)	
柱加压	140 gal	−4.91	7.26	−10.67	15.03	−15.53	22.29
	220 gal	−10.6	11.03	−22.27	25.15	−32.87	36.18
	比值	2.16	1.52	2.09	1.67	2.12	1.62
无柱压	140 gal	−7.74	7.85	−15.88	17.82	−23.62	25.67
	220 gal	−11.14	12.516	−24.76	27.29	−35.82	39.81
	比值	1.44	1.59	1.56	1.53	1.52	1.55

② 柱加压时,推力(正位移)方向作用力关系为 1.6(平均值),与峰值加速度的比例关系 1.57 基本一致。拉力(负位移)方向作用力关系为 2.13(平均值),较加速度比例关系 1.57 略大一些。这是竖向作动器滚动支座在平衡位的正负两个方向滚动情况有些差异造成的影响。

由无柱压和柱加压 140 gal、220 gal 的楼层位移关系表(表 6-7),可发现以下规律:

① 无柱压时,推拉两个方向的楼层位移保持一致,比例关系分别为 1.59(平均值)、1.62(平均值),与峰值加速度的比例关系 1.57 基本一致。说明钢框架在弹性范围内,外部加速度增量与楼层位移关系成正比。

② 柱加压时,推拉两个方向的位移关系为 2.23(平均值)、2.34(平均值),较加速度的比例关系 1.57 大。

表 6-7 楼层位移关系表

加速度峰值	无柱压				柱加压			
	负向位移		正向位移		负向位移		正向位移	
	一层	二层	一层	二层	一层	二层	一层	二层
140 gal	−1.4	−2.94	1.48	3.05	−0.61	−1.22	0.97	1.91
220 gal	−2.26	−4.87	2.31	4.83	−1.54	−3.25	1.88	3.83
比值	1.61	1.66	1.56	1.58	2.52	2.66	1.94	2.01

将 140 gal、220 gal 时的无柱压和柱加压的楼层位移、底部剪力进行比较,比较结果见表 6-8。

① 140 gal 时,加压后底部剪力约为无柱压的 70%,楼层的位移约为无柱压的 50%。

② 220 gal 时,加压后底部剪力约为无柱压的 90%,楼层的位移约为无柱压的 75%。

③ 140 gal 柱加压的情况下,将楼层质量增加 3 倍[即 140 gal(3M)试验],根据试验结果可以发现,在质量增加 3 倍的情况下,底部剪力增加了 3.08 倍,一层正向位移增加了 3.68 倍,一层负向位移增加了 5.1 倍,二层正向位移增加了 3.55 倍,二层负向位移增加了 5.48 倍。也就是说钢框架的荷载和位移反应与质量增加的倍数基本成正比。

表 6-8 无柱压和柱加压楼层位移、底部剪力对比表

加速度峰值	柱压（kN）	一层		二层		底部剪力	
		最大位移（mm）	比值	最大位移（mm）	比值	剪力值（kN）	比值
140 gal	0	−1.40	1.00	−2.94	1.00	−23.62	1.00
		1.48	1.00	3.05	1.00	25.67	1.00
	10400	−0.61	0.44	−1.22	0.41	−15.53	0.66
		0.97	0.66	1.91	0.63	22.29	0.87
140 gal（3M）	10400	−3.11	2.22	−6.69	2.28	−48.03	2.03
		3.57	2.41	6.77	2.22	76.72	2.99
220 gal	0	−2.26	1.00	−4.87	1.00	−35.82	1.00
		2.31	1.00	4.83	1.00	39.81	1.00
	10400	−1.54	0.68	−3.25	0.67	−32.87	0.92
		1.88	0.81	3.83	0.79	36.18	0.91

柱加压后，荷载和楼层位移曲线发生了较明显的变化，如图 6-27 所示。由于没有柱压的约束，无柱压时的荷载和位移曲线更加丰满。

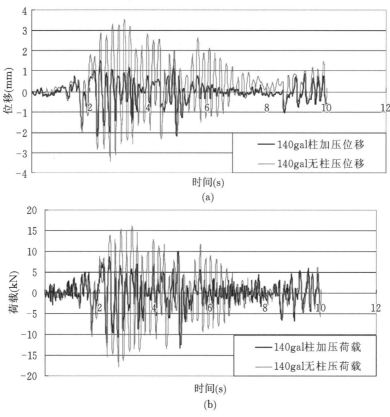

图 6-27 140 gal 无柱压与柱加压反应曲线

（a）位移对比；（b）荷载对比

6.12 滞回性能

图 6-28 和图 6-29 分别是地震波峰值为 140 gal 时二层楼层位移-荷载滞回曲线和一层楼层位移-荷载滞回曲线。图 6-28(a)是无柱压情况,图 6-28(b)为有柱压情况,图 6-28(c)是 3 倍质量柱加压情况(3M)。从图 6-28 可以看出,由于本次试验控制框架变形在弹性范围之内,再加上是空间框架,抗侧刚度相对较大,因此滞回曲线呈"捏拢"非常严重的梭形。图 6-28(c)由于楼层质量的增加,地震反应增大,二层楼层位移明显变大,相对来说,滞回曲线较饱满。图 6-28(c)中在加载初期由于本框架模型连接部位较多,存在一些缝隙,造成滞回曲线较凌乱,不是很清晰,加载后期,滞回曲线趋于光滑。由于一层楼层位移更小,因此图 6-29 中的滞回曲线"捏拢"得更加严重,并且由于连接部位中存在的缝隙,导致图 6-29(c)中滞回曲线抖动得非常厉害。

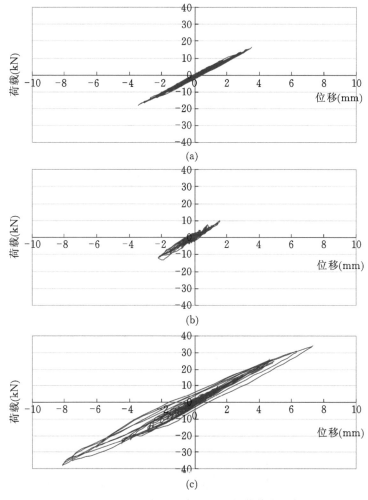

图 6-28　140 gal 作用下的二层位移-荷载滞回曲线

(a) 140 gal 无柱压;(b) 140 gal 柱加压;(c) 140 gal(3M)柱加压

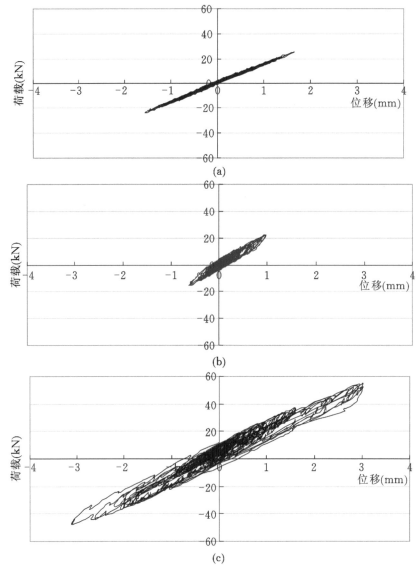

图 6-29   140 gal 作用下的一层位移-荷载（底部剪力）滞回曲线

(a) 140 gal 无柱压；(b) 140 gal 柱加压；(c) 140 gal(3M)柱加压

本 章 小 结

本试验主要研究采用半刚性剖分 T 型钢梁柱连接节点的空间钢框架在 EL-Centro 地震动作用下的拟动力响应。监测钢框架在 70 gal、140 gal、220 gal 地震动响应下的应变、位移、荷载变化以及滞回曲线，分析了梁、T 型钢、柱和柱脚的应变发展趋势，通过试验获得了钢框架顶层荷载-位移滞回曲线。通过对结构体系试验结果与理论分析进行对比，说明采用双自由度拟动力加载试验方法模拟钢框架结构的地震反应是可行的。试验结果在一定程度上反映了空间半刚性连接钢框架在地震作用下的主要受力和变形特点。

通过对本章内容分析结果的整理和总结,结论如下:

半刚性节点的空间钢框架,在按比例施加外部地震作用时,楼层处的水平位移的增长较外部地震作用的增长比例略大,本次试验的增大结果为 25%~35%。说明由于采用了半刚性的节点连接形式,使梁柱节点处的延性有所改善,避免了刚性节点因节点变形较小而易发生脆性破坏,达到了提高地震时整体结构延性的目的。

梁柱节点处延性的改善,并没有影响到上下楼层处的变形关系,从无柱压和柱加压试验的结果来看,随着地震作用的增长,上下楼层间的变形比例关系始终保持一致。说明半刚性节点在弹性变形范围内,能很好地保持楼层间的变形关系。

剖分 T 型钢在整个拟动力试验过程中,与梁翼缘连接的 T 型钢腹板处应变发展较快,与柱翼缘连接的 T 型钢翼缘处应变发展较慢。

试验方法的不同,对试验的荷载和位移反应有很大的影响。

根据本章对剖分 T 型钢半刚性连接钢框架结构体系的拟动力试验结果分析可知,采用剖分 T 型钢半刚性连接节点的钢框架结构体系,在弹性范围内具有与刚性连接一样的线性变形关系。由于节点处延性的改善,使框架的延性抗震性能有了较明显的提高,是中、高层住宅和办公楼的优选结构体系。

7 半刚性梁柱连接钢框架受力分析与设计

7.1 概　述

由于梁柱连接半刚性特性,钢框架受力性能发生很大变化,在进行设计时,不能将半刚性连接简化为刚性进行分析,因为这样的简化会造成下面的结果:①降低了框架的侧移量,同时减弱了 P-Δ 效应的影响;②高估了梁柱连接的刚度,从而造成柱子稳定极限承载力偏高而不安全。因此,半刚性连接钢框架内力及稳定分析必须考虑连接半刚性的影响。

7.2 半刚性梁柱连接承载力计算基本要求

7.2.1 梁柱节点连接的承载能力基本要求

梁柱节点连接的承载能力应满足下式要求:

$$M_u \geq 1.2M_p \tag{7-1}$$
$$V_u \geq 1.3(2M_p/l_n) \tag{7-2}$$

且

$$V_u \geq 0.58h_w t_w f_y \tag{7-3}$$

式中　M_u——节点连接的极限抗弯承载力;

　　　V_u——节点连接的极限抗剪承载力;

　　　M_p——梁的全塑性弯矩;

　　　l_n——梁的净跨;

　　　f_y——钢材屈服强度;

　　　h_w,t_w——腹板的高度和厚度。

7.2.2 梁柱节点强度验算

(1) 节点区的拉、压强度验算

梁端弯矩对柱的作用可近似地表示为作用于梁翼缘的力偶,不考虑腹板内力。此时作用力为 $T = f_y A_f$(其中 f_y 及 A_f 分别为翼缘屈服强度及截面面积)。

假定 T 以 1∶2.5 的斜率向腹板纵深扩散,那么在翼缘与腹板交接处附近腹板应力为:

$$\sigma = \frac{T}{t_w(t_b + 5K_c)} = \frac{f_y A_f}{t_w(t_b + 5K_c)} \tag{7-4}$$

式中　t_w——柱腹板厚度;

　　　t_b——梁翼缘厚度;

　　　K_c——柱翼缘外边至翼缘填角端的距离;

f_y——翼缘屈服强度；

A_f——翼缘截面面积。

为了保证柱腹板的强度，式(7-4)所得到的应力应小于柱腹板的屈服强度，即应符合下式：

$$t_w \geqslant \frac{A_f}{t_b + 5K_c} \qquad (7\text{-}5)$$

为保证梁受压翼缘与相接处柱腹板的局部稳定性，柱腹板厚度尚须满足高厚比规定：

$$h_c/t_w \leqslant 437\sqrt{f_y} \qquad (7\text{-}6)$$

式中 h_c——柱腹板除去填角后的净高度；

f_y——钢材屈服强度，N/m。

为预防柱与梁受拉翼缘相接处连接焊缝的脆性破坏，宽翼缘 H 形钢柱的翼缘厚度 t_c 应符合下列条件：

$$t_c \geqslant 0.4\sqrt{A_f} \qquad (7\text{-}7)$$

若柱腹板高厚比、翼缘厚度 t_c 满足上述要求，则还应在节点域设置加劲肋，主梁与 H 形柱翼缘刚接时，根据节点域稳定性要求及构造要求，在梁翼缘对应位置应在柱腹板节点域位置设置横向加劲肋，且加劲肋厚度不小于梁翼缘厚度。

(2) 节点域剪切变形及强度验算

梁柱节点域在承受荷载时，柱腹板在梁受压翼缘的作用力下很容易发生局部失稳，而柱翼缘在承受梁受拉翼缘的拉力时易发生较大的弯曲变形，从而导致柱腹板处连接焊缝的脆性破坏，另外，当节点域承受很大剪力时，容易发生剪切屈服或者发生局部失稳而破坏。

柱腹板中的平均剪应力：

$$\tau = \left(\frac{M_{b1} + M_{b2}}{h_b} - V_c\right)\bigg/(h_c t_w) \qquad (7\text{-}8)$$

式中 V_c——柱的剪力；

M_{b1}, M_{b2}——梁两端设计弯矩；

h_b——梁高；

t_w, h_c——H 形柱腹板厚度和高度。

τ 应小于钢材抗剪强度设计值 f_v，即：

$$\tau \leqslant f_v/\gamma_{RE} \quad (\gamma_{RE} = 1) \qquad (7\text{-}9)$$

当节点域的剪力满足式(7-9)时，节点域仍保持稳定，故可将屈服剪应力提高到 4/3 倍的 f_v；考虑到在板域的设计中弯矩的影响最大，故偏于安全地略去剪力项，则式(7-8)和式(7-9)可以合并为：

$$\frac{M_{b1} + M_{b2}}{V_p} \leqslant \frac{4}{3}\frac{f_v}{\gamma_{RE}} \qquad (7\text{-}10)$$

式中 V_p——节点域的体积，对 H 形截面为 $V_p = h_b h_c t_w$，对箱形截面为 $V_p = 1.8 h_b h_c t_w$。

(3) 节点域强度控制

为了较好地发挥节点域的耗能作用，采用折减系数避免节点域过厚而影响耗能效果，则应符合下列要求：

$$\psi(M_{pb1} + M_{pb2})/V_p \leqslant \frac{4}{3}\frac{f_v}{\gamma_{RE}} \qquad (7\text{-}11)$$

式中 M_{pb1}，M_{pb2}——节点域两侧梁的全塑性受弯承载力；

ψ——折减系数，抗震等级为三、四级时取 0.6，抗震等级为一、二级时取 0.7。

（4）节点域的稳定验算

为了使节点域在地震作用下不致失稳，应验算其稳定性：

$$t_w \geqslant (h_c + h_b)/90 \qquad (7\text{-}12)$$

7.2.3 半刚性梁柱连接设计

半刚性梁柱连接类型较多，每一种连接形式，其受力性能差别较大，因此在内力分析时，首先应通过节点试验得到连接的弯矩-转角相关特征曲线，再利用此相关曲线来考虑连接非线性的影响。

而工程中应用的半刚性梁柱连接节点，按照《钢结构设计标准》(GB 50017—2017)中"特殊节点应通过有限元分析确定其承载力"来确定单调荷载作用下此类连接的弯矩-转角特性曲线，其材料性能应采用工程实际选用材料的材料性能，各种条件也应和设计及施工时要求完全一致。

在进行半刚性梁柱连接设计时，欧洲规范推荐的组件法是对大多数高强螺栓连接节点分析方法中最为简便的一种。在本书第二章中已经介绍了 T 型钢梁柱连接的弯矩-转角关系、初始刚度的计算公式以及 T 型钢连接的承载力计算。以 T 型钢梁柱连接为例，根据组件法的基本原则和基本步骤，对其弯矩承载力和初始转动刚度进行分析，参考欧洲规范中端板连接形式节点的分析方法建立分析模型，欧洲规范中对于节点受压区域变形较小的组件在进行节点总刚度组装时认为这些组件的刚度为无穷大。图 7-1 为强轴平面剖分 T 型钢组件分解图，考虑了柱子腹板剪切效应，平面内受拉和受压，柱翼缘受弯，T 型钢翼缘和腹板受拉，螺栓群受拉，分析时对 T 型钢翼缘受压和受压螺栓群视为刚度无穷大的组件。然后采用组件法对 T 型钢梁柱连接节点进行分析，分析 T 型钢梁柱连接节点各组件的刚度以及对节点的刚度贡献比例，并由节点中不同组件的刚度模拟剖分 T 型钢梁柱连接的初始转动刚度。最终由弯矩承载力和初始转动刚度的关系得到剖分 T 型钢梁柱连接的弹性极限转角和屈服转角，并建立剖分 T 型钢梁柱连接的理想弹塑性弯矩-转角关系曲线，从而得到 T 型钢梁柱连接节点的屈服弯矩承载力。

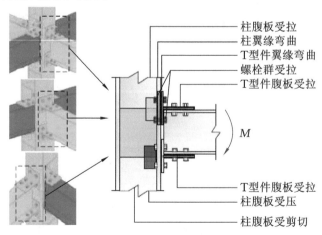

图 7-1　剖分 T 型钢梁柱连接各组件受力分解图

对于顶底角钢梁柱半刚性连接、端板梁柱半刚性连接等不同半刚性连接类型,由于和剖分 T 型钢梁柱连接基本原理一样,只是连接构造和连接件有所不同,其传力途径和分析方法相类似,因此在此不再赘述。

7.3　有侧移半刚接平面钢框架柱计算长度系数

在我国现行《钢结构设计标准》(GB 50017—2017)中,在进行压弯构件——钢框架的稳定分析时,主要通过计算长度系数来考虑相连构件的约束作用,通常由于梁柱连接是按照刚性连接或是铰接来考虑,因此,标准中给出了相应各种约束条件下柱的计算长度系数。但当梁柱连接属于半刚性连接时,标准中并没有相应的处理方法,并且由于半刚性梁柱连接性能的不确定性,造成分析半刚性梁柱连接对柱计算长度的影响很难把握。

为了考虑半刚性梁柱连接对钢框架柱计算长度系数的影响,本章以半刚性连接钢框架作为分析对象,用可变刚度的抗弯弹簧来模拟梁柱连接的半刚性特征,建立有侧移半刚性连接钢框架柱计算长度系数的修正公式,以便在进行稳定分析和梁柱设计时考虑半刚性连接对有侧移钢框架的影响。

7.3.1　影响框架柱计算长度的因素

钢框架柱计算长度受很多因素影响,比如梁柱线刚度比、柱上下两端的约束条件、结构的对称性、框架上的受荷载情况以及梁柱连接的刚度等。其中最主要的两个因素是梁柱线刚度比和柱上下两端的约束条件。在我国相关规范中已依据这两个因素设计成柱计算长度系数相关表格,工程人员可以根据工程实际情况查用。

另外,钢框架上受荷工况、结构的对称性等很多因素都是针对梁柱连接为刚性连接情况下的钢框架。而对于梁柱连接刚度不是刚接的钢框架,连接的半刚性特性对柱计算长度的影响也是一个很重要的研究内容,本文重点讨论这方面的内容。

7.3.2　半刚接框架中梁的修正刚度

半刚性连接钢框架在承受荷载过程中梁柱连接的半刚性非线性特征直接影响钢框架的内力情况。在进行钢框架受力分析时,常用刚度为梁柱连接抗弯刚度的弹簧来模拟钢框架梁柱连接的半刚性特性。本章采用的计算模型参考了文献[65],如图 7-2 所示。

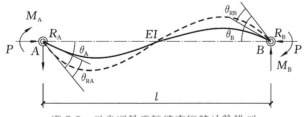

图 7-2　受半刚性连接约束梁的计算模型

图 7-2 是两端的连接刚度分别为 R_A 和 R_B 的构件,在轴压力 P 和端弯矩 M_A 和 M_B 共同作用下的变形示意图,虚线表示 $R_A = R_B = 0$(相当于铰接)时压弯构件的变形曲线,θ_A、θ_B

为构件 A 端、B 端的转角；实线表示 $R_{A'}$ 和 $R_{A'}$ 均不为零（受弹性约束）时压弯构件的变形曲线，即半刚性连接的情况。因为轴压力对横梁的影响比较小，因此分析时忽略不计。构件两端实线与虚线之间的夹角分别为 θ_{RA} 和 θ_{RB}，那么构件受弹性约束时两端的转角分别为 $\theta_A-\theta_{RA}$ 和 $\theta_B-\theta_{RB}$，这里梁端约束 $\theta_{RA}=M_A/R_A$、$\theta_{RB}=M_B/R_B$。此时，图 7-2 中构件的转角位移方程为：

$$M_A=\frac{EI}{l}[C(\theta_A-\theta_{RA})]+S(\theta_B-\theta_{RB}) \tag{7-13}$$

$$M_B=\frac{EI}{l}[S(\theta_A-\theta_{RA})]+C(\theta_B-\theta_{RB}) \tag{7-14}$$

式中 C 和 S 为稳定函数，解式(7-13)和式(7-14)可得到修正后的转角位移方程：

$$M_A=\frac{EI}{l}[C_1\theta_A+S_1\theta_B] \tag{7-15}$$

$$M_B=\frac{EI}{l}[S_1\theta_A+C_2\theta_B] \tag{7-16}$$

式中 C_1，C_2 和 S_1 为经修正的稳定函数。引入参数 R 后可得：

$$C_1=\left(C+\frac{EIC^2}{lR_B}-\frac{EIS^2}{lR_B}\right)/R \tag{7-17}$$

$$C_2=\left(C+\frac{EIC^2}{lR_A}-\frac{EIS^2}{lR_A}\right)/R \tag{7-18}$$

$$S_1=S/R \tag{7-19}$$

式中

$$R=\left(1+\frac{EIC}{lR_A}\right)\left(1+\frac{EIC}{lR_B}\right)-\left(\frac{EI}{l}\right)^2\frac{S^2}{R_AR_B} \tag{7-20}$$

在钢框架中，$C=4$、$S=2$，这样经修正后梁的稳定函数为：

$$C_1=4\left(1+\frac{3EI}{lR_B}\right)\Big/R \tag{7-21}$$

$$C_2=4\left(1+\frac{3EI}{lR_A}\right)\Big/R \tag{7-22}$$

$$S_1=2/R \tag{7-23}$$

式中

$$R=\left(1+\frac{4EI}{lR_A}\right)\left(1+\frac{4EI}{lR_B}\right)-\left(\frac{EI}{l}\right)^2\frac{4}{R_AR_B}$$
$$=1+\frac{4EI}{l}\left(\frac{1}{R_A}+\frac{1}{R_B}\right)+\frac{12}{R_AR_B}\left(\frac{EI}{l}\right)^2 \tag{7-24}$$

7.3.3 两端半刚性连接不同时梁的刚度修正系数

图 7-2 所示为产生异向曲率变形的梁，设 $\theta_A=\theta_B$，其端弯矩为：

$$M_A=\frac{6EI\theta_A}{l}\frac{1+\frac{2EI}{lR_B}}{1+\frac{4EI}{l}\left(\frac{1}{R_A}+\frac{1}{R_B}\right)+\frac{12}{R_AR_B}\left(\frac{EI}{l}\right)^2}=\frac{6EI\theta_A}{l}\alpha_A \tag{7-25}$$

式中 $\alpha_A = \dfrac{1 + \dfrac{2EI}{lR_B}}{1 + \dfrac{4EI}{l}\left(\dfrac{1}{R_A} + \dfrac{1}{R_B}\right) + \dfrac{12}{R_A R_B}\left(\dfrac{EI}{l}\right)^2}$，即为梁端半刚性连接不同时有侧移钢框架梁

的线刚度修正系数。

7.3.4　多层多跨半刚接钢框架的稳定分析

下面重点分析多层有侧移半刚性连接框架柱的计算长度系数的计算方法。

（1）计算基本假定

图 7-3 为有侧移框架柱的失稳形态图。在建立计算模型时，为了和我国相关规范规定的刚接钢框架柱计算长度系数的相关假定相协调，在推导如图 7-4 所示半刚接钢框架柱子计算长度系数公式时，可假定如下：

① 材料是理想弹性材料；

② AB 柱和其相连的上下柱同时屈曲；

③ 当钢框架发生侧移时，每层层间倾角相同；

④ 各柱的 $u = kl = l\sqrt{\dfrac{P}{EI}}$ 一致；

⑤ 钢框架仅承受作用在节点上的竖向荷载；

⑥ 柱子失稳时，横梁为柱提供的约束弯矩按柱的线刚度之比分配给柱；

⑦ 当发生有侧移失稳时，横梁两端的转角方向相同且大小相等。

（2）计算模型的建立

按照前面的假定，任意取半刚性连接钢框架的 AB，并且把图 7-3 中 $A\text{-}C\text{-}E\text{-}B\text{-}F\text{-}D\text{-}A$ 所包括的部分钢框架作为计算单元，如图 7-4 所示，再根据这个简图确定柱 AB 在有侧移情况下的计算长度系数 μ。

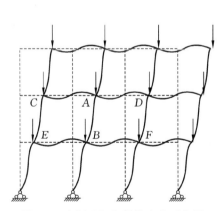

图 7-3　有侧移框架柱的失稳形态图

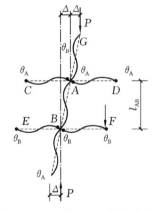

图 7-4　有侧移柱失稳的计算单元

① 两端约束相同的有侧移半刚接框架柱计算长度系数理论公式推导

对于如图 7-4 所示有侧移失稳计算单元，可以利用受弯构件、压弯构件的转角位移方程，建立梁端与柱端力矩：

$$\left.\begin{array}{l} M_{AC}=6i_{AC}\alpha_A\theta_A \\ M_{AD}=6i_{AD}\alpha_A\theta_AM_A \\ M_{AB}=i_{AB}\left[C\theta_A+S\theta_B-(C+S)\rho\right] \\ M_{AG}=i_{AG}\left[C\theta_A+S\theta_B-(C+S)\rho\right] \end{array}\right\} \tag{7-26}$$

式中稳定函数

$$C=\frac{u(\tan u-u)}{\tan u\left(2\tan\dfrac{u}{2}-u\right)},\quad S=\frac{u(u-\sin u)}{\sin u\left(2\tan\dfrac{u}{2}-u\right)} \tag{7-27}$$

$u=kl=l\sqrt{P/EI}$，$\alpha_A=\dfrac{1}{1+6i_b/K_z}$ 为梁线刚度修正系数，θ_A、θ_B 和 ρ 分别表示节点 A、B 的两转角和层间倾斜角，i_{ij} 表示梁（或柱）ij 的线刚度。可由节点 A 弯矩平衡方程：

$$M_{AC}+M_{AD}+M_{AB}+M_{AG}=0$$

解得：

$$(C+6K_1')\theta_A+S\theta_B-(C+S)\rho=0 \tag{7-28}$$

同理可由节点 B 的弯矩平衡方程得到：

$$(C+6K_2')\theta_B+S\theta_A-(C+S)\rho=0 \tag{7-29}$$

式(7-28)和式(7-29)中 K_1'、K_2' 分别为节点 A、B 处梁修正线刚度之和与柱线刚度之和的比值，其表达形式为：

$$K_1'=\frac{\sum i_{Ap}}{\sum i_{Aq}}\alpha_A,\quad K_2'=\frac{\sum i_{Bp}}{\sum i_{Bq}}\alpha_A \tag{7-30}$$

其中，p 为节点 $A(B)$ 相连的梁的另一端点；q 为节点 $A(B)$ 相连的柱的另一端点。

建立柱本身的平衡方程，$M_{AB}+M_{BA}+P\rho t_{AB}=0$，而 $P=k^2EI_{AB}$，故 $P\rho t_{AB}=(EI_{AB}/l_{AB})(kl_{AB})^2\rho$，又 $M_{BA}=i_{AB}[S\theta_A+C\theta_B-(C+S)\rho]$，这样平衡方程可写为：

$$(C+S)(\theta_A+\theta_B)-[2(C+S)-(kl_{AB})^2]\rho=0 \tag{7-31}$$

将式(7-28)和式(7-29)相加后得到

$$(C+S)(\theta_A+\theta_B)-2(C+S)\rho=-6(K_1'\theta_A+K_2'\theta_B) \tag{7-32}$$

将式(7-31)代入式(7-32)后可得

$$-6K_1'\theta_A-6K_2'\theta_B+(kl_{AB})^2\rho=0 \tag{7-33}$$

由式(7-28)、式(7-29)和式(7-33)线性方程组可得到有侧移钢框架柱的屈曲方程为：

$$\begin{vmatrix} (C+6K_1') & S & -(C+S) \\ S & (C+6K_2') & -(C+S) \\ -6K_1' & -6K_2' & (kl_{AB})^2 \end{vmatrix}=0 \tag{7-34}$$

以 C 和 S 的三角函数代入，并用 $u=\pi/(kl_{AB})$，经整理后得到与有侧移刚接钢框架柱同样形式的半刚接钢框架柱屈曲方程：

$$\left[36K_1'K_2'-(\pi/u)^2\right]\tan(\pi/u)+6(K_1'+K_2')\pi/u=0 \tag{7-35}$$

由上式得到柱计算长度系数的表达式：

$$u'=\sqrt{\frac{7.5K_1'K_2'+4(K_1'+K_2')+1.52}{7.5K_1'K_2'+K_1'+K_2'}} \tag{7-36}$$

② 两端约束不相同的有侧移半刚接框架柱计算长度系数理论公式的推导

两端约束不相同的有侧移半刚接框架柱计算长度系数理论公式的推导过程与两端约束相同的有侧移半刚接框架柱相似,不同点是式 $K_1'=\dfrac{\sum i_{Ap}}{\sum i_{Aq}}\alpha_A$,$K_2'=\dfrac{\sum i_{Bp}}{\sum i_{Bq}}\alpha_A$ 中梁线刚度修正系数用下式来计算:

$$\alpha_A=\frac{1+\dfrac{2EI}{lR_B}}{1+\dfrac{4EI}{l}\left(\dfrac{1}{R_A}+\dfrac{1}{R_B}\right)+\dfrac{12}{R_AR_B}\left(\dfrac{EI}{l}\right)^2} \tag{7-37}$$

同理可得两端约束不相同的侧移半刚接框架柱计算长度系数理论公式:

$$u=\sqrt{\frac{7.5K_1'K_2'+4(K_1'+K_2')+1.52}{7.5K_1'K_2'+K_1'+K_2'}}$$

上述公式推导采用转动弹簧来模拟各种半刚性连接,在应用时,首先根据节点具体的连接形式和实际设计参数,求出相应的线刚度、节点的初始刚度和节点的形状参数后,利用式(7-30)求出修正后的梁柱线刚度比 K_1 和 K_2,就可以得到有侧移半刚性连接钢框架柱的计算长度系数,从而可以为工程设计提供参考。

7.4　基于极限承载力的钢框架二阶非弹性计算方法

7.4.1　钢框架结构分析方法简介

现行钢结构设计规范所规定的整体失稳模式与实际情况存在差异,规范上所假定的失稳模式为"结构同一层柱同时按相同模式对称或反对称失稳",但是结构的实际受力状态通常为"钢框架个别或少数构件首先达到弹塑性失稳",因此规范所说的方法只是近似地用柱计算长度的稳定性来等效计算钢框架稳定性。

对钢框架结构的分析主要采用以下几种方法:一阶弹性和非弹性分析,二阶弹性和非弹性分析,如图 7-5 所示。

二阶非弹性分析的类型主要有两种:二阶集中塑性铰法、二阶塑性区法。二阶塑性区法是一种精确解的分析方法,这种方法可以很精确地描述整体结构上的塑性范围,见图 7-6。不过利用这种方法对单元进行划分时,通常要对杆件的两个方向(沿杆件纵截面和杆件长度方向)都进行划分,因此,需要非常复杂的计算且耗时较多,仅在需要对结构性能进行精细化分析时才使用。

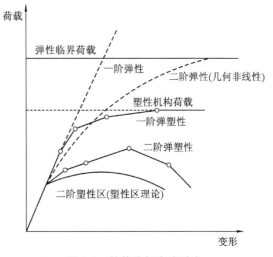

图 7-5　结构分析方法对比

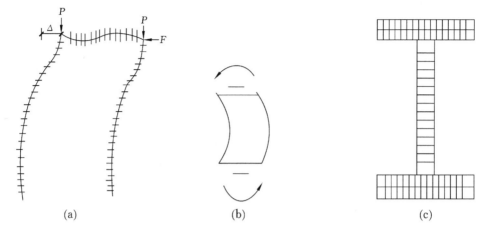

图 7-6 基于梁柱理论的纤维单元属性区法模型
(a) 离散框架结构;(b) 梁柱单元;(c) 纤维单元

二阶塑性铰法分析时材料屈服通过发生在单元端部的零长度塑性铰来模拟,杆件其他部分假定保持弹性。二阶塑性铰法并没有对材料渐进屈服过程和残余应力进行考虑,不能合理地分析钢结构实际受力和变形情况。

《钢结构设计标准》(GB 50017—2017)中明确二阶弹性分析可采用考虑二阶效应的结构理论分析方法,其中对钢框架在进行二阶弹塑性分析时所用到的二阶效应理论也给出了明确的简化计算方法,但是规范中并未规定对于采用半刚性节点钢框架有关的弹性和二阶效应的计算方法。在实际工程中,也缺乏半刚性连接钢框架相关的分析软件。

7.4.2 二阶效应简化计算的不同表达方式

(1)美国钢结构规范 AISC94

AISC94 采用如下公式计算二阶弯矩的影响:

$$M_{2u}=B_1M_{1b}+B_2M_{1s} \tag{7-38}$$

式中 M_{1b}——在无侧移钢框架中,其杆端的一阶弹性弯矩;

M_{1s}——在有侧移钢框架水平节点施加反向力 H 时,其杆端的一阶弹性弯矩;

B_1——考虑杆件 P-δ 效应的弯矩增大系数且 $B_1=C_m/(1-P_u/P_e)$;

B_2——考虑结构整体 P-δ 效应的弯矩增大系数;

P_u——柱子的极限承载力;

P_e——Euler 临界力;

C_m——弯矩等效系数,应根据以下条件取值:在两端弯矩同时作用时,$C_m=0.6-0.4M_1/M_2 \geqslant 0.4$,$M_1/M_2 \leqslant 1$,$M_1/M_2$ 使杆件正向弯曲时取负,反之,取正;当杆端只有跨中均布弯矩,没有集中弯矩作用时,$C_m=0.85$;除上述两种情况外 $C_m=1.0$。

$$B_2=1-\frac{\sum P_u}{\Delta_{oh}/\sum H_L} \text{ 或 } B_2=1-\frac{\sum P_u}{\sum P_e};\text{其中 } \Delta_{oh} \text{ 为层间侧移量。}$$

规范 AISC94 给出的二阶效应计算方法虽然使用起来较为简便,但由于考虑杆件 $P\text{-}\delta$ 效应时杆端的弯矩增大系数 B_1 和其轴力 P 没有关系,而使得轴力值偏大,弯矩增大系数 B_1 的值较小,从而安全性无法得到保证。

（2）我国钢结构设计标准（GB 50017）

GB 50017—2017 规定:结构的二阶弹性分析应以考虑了结构整体初始几何缺陷、构件局部初始缺陷（含构件残余应力）和合理的节点连接刚度的结构模型为分析对象,计算结构在各种设计荷载（作用）组合下的位移和内力。

取第一阶弹性屈曲模态数值不小于 $i/(1000h)$ 来确定结构整体的初始几何缺陷,参见图 7-7（a）。框架结构整体初始几何缺陷代表值也可用式（7-40）计算得到的假想水平力 H_{ni} 来等效,水平力 H_{ni} 的施加方向应考虑荷载的最不利组合,参见图 7-7（b）。

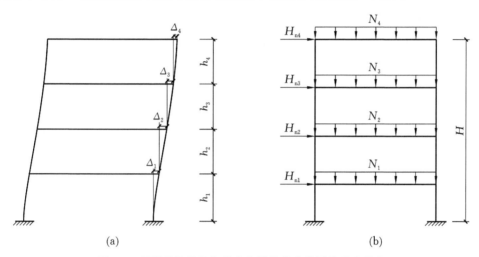

图 7-7　框架结构整体初始几何缺陷代表值及等效水平力

（a）框架整体初始几何缺陷代表值;（b）框架结构等效水平力

$$\Delta_i = \frac{h_i}{250}\sqrt{0.2+\frac{1}{n_s}}\sqrt{\frac{f_{yk}}{235}} \tag{7-39}$$

式中　Δ_i——所计算楼层的初始几何缺陷代表值;

　　　n_s——框架总层数,且 $\dfrac{2}{3} \leqslant \sqrt{0.2+\dfrac{1}{n_s}} \leqslant 1.0$;

　　　h_i——所计算楼层的高度;

　　　f_{yk}——钢材的屈服强度。

$$H_{ni} = \frac{Q_i}{250}\sqrt{0.2+\frac{1}{n_s}}\sqrt{\frac{f_{yk}}{235}} \tag{7-40}$$

式中　Q_i——第 i 楼层的总重力荷载设计值;

　　　n_s——框架总层数,且当 $\sqrt{0.2+\dfrac{1}{n_s}}>1.0$ 时,取此根号值为 1.0;

现行钢结构设计标准在进行钢结构内力分析时,通常不考虑几何、材料非线性的影响,且假定结构处于线弹性工作状态来进行一阶弹性分析。而在计算构件承载力时,则将几何非线性和材料非线性都给予考虑,这种分析方式明显不协调。而且通常情况下,结构在达到极限承载能力时,其构件已经不再处于弹性状态,且内力会重新分布,则无论是一阶弹性分析方法还是二阶弹性分析方法,都不能真实反映结构极限状态。对于钢框架结构来说,二阶非弹性分析方法可以较为精确地反映结构最终极限状态。在我国现行《钢结构设计标准》(GB 50017—2017)中提出的直接分析法,不仅考虑了结构的几何和材料非线性,同时也考虑了残余应力和连接节点刚度等缺陷对结构构件内力产生的影响。

7.4.3 半刚性连接平面框架结构考虑二阶效应的弹性刚度位移方程

如图 7-8 所示,钢框架结构的二阶效应包括两个方面,一方面是单个构件的 P-δ 效应和整体钢框架的 P-δ 效应。单元矩阵 $\boldsymbol{K}^{\mathrm{e}}$ 主要由弹性刚度矩阵 $\boldsymbol{K}_{\mathrm{e}}^{\mathrm{e}}$(不考虑轴力影响)和考虑二阶非线性 P-δ 影响的几何刚度矩阵 $\boldsymbol{K}_{\mathrm{g}}^{\mathrm{e}}$ 构成,即:

$$\boldsymbol{K}^{\mathrm{e}} = \boldsymbol{K}_{\mathrm{e}}^{\mathrm{e}} + \boldsymbol{K}_{\mathrm{g}}^{\mathrm{e}} \tag{7-41}$$

$$\boldsymbol{K}_{\mathrm{e}}^{\mathrm{e}} = \begin{bmatrix} \dfrac{EA}{L} & & & & & \\ 0 & \dfrac{12EI}{L^3} & & SYM & & \\ 0 & \dfrac{6EI}{L^2} & \dfrac{4EI}{L} & & & \\ -\dfrac{EA}{L} & 0 & 0 & \dfrac{EA}{L} & & \\ 0 & -\dfrac{12EI}{L^3} & -\dfrac{6EI}{L^2} & 0 & \dfrac{12EI}{L^3} & \\ 0 & \dfrac{6EI}{L^2} & \dfrac{6EI}{L} & 0 & -\dfrac{6EI}{L^2} & \dfrac{4EI}{L} \end{bmatrix}$$

$$\boldsymbol{K}_{\mathrm{g}}^{\mathrm{e}} = \begin{bmatrix} 0 & & & & & \\ 0 & \dfrac{6}{5} & & SYM & & \\ 0 & \dfrac{L}{10} & \dfrac{2L^2}{15} & & & \\ 0 & 0 & 0 & 0 & & \\ 0 & -\dfrac{6}{5} & -\dfrac{L}{10} & 0 & \dfrac{6}{5} & \\ 0 & \dfrac{L}{10} & -\dfrac{L^2}{30} & 0 & -\dfrac{L}{10} & \dfrac{2L^2}{15} \end{bmatrix} \times \dfrac{P}{L}$$

式中 A——截面面积;

I——截面惯性矩;

L——杆件长度;

P——杆件的轴向力。

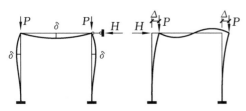

图 7-8 结构和构件的二阶效应图

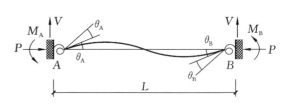

图 7-9 半刚性连接杆件单元

对于刚性连接的钢框架,其刚度位移方程为 $\boldsymbol{Kx}=\boldsymbol{F}$,$\boldsymbol{F}$ 和 $\boldsymbol{x}$ 分别为节点荷载矩阵和位移矩阵,其中 $\boldsymbol{x}=\{u_1,v_1,\theta_1,u_2,v_2,\theta_2\}^{\mathrm{T}}$。由于杆件轴向力 P 包含在方程左端刚度矩阵 $\boldsymbol{K}$

中,所以需要使用迭代法进行求解。而当梁端连接为半刚性时,梁端连接可用有限刚度的转动弹簧进行代替,如图 7-9 所示,可用单元弹性刚度矩阵 $\boldsymbol{K}_r^e$ 代替 $\boldsymbol{K}_e^e$,在 $\boldsymbol{K}_r^e$ 中考虑半刚性连接特性,而几何刚度矩阵 $\boldsymbol{K}_g^e$ 保持不变。

$$\boldsymbol{K}_r^e = \begin{bmatrix} \dfrac{EA}{L} & & & & & \\ 0 & (S_{ii}+2S_{ij}+S_{jj})\dfrac{EI}{L} & & & SYM & \\ 0 & (S_{ii}+S_{ij})\dfrac{EI}{L^2} & S_{ii}\dfrac{EI}{L} & & & \\ -\dfrac{EA}{L} & 0 & 0 & \dfrac{EA}{L} & & \\ 0 & -(S_{ii}+2S_{ij}+S_{jj})\dfrac{EI}{L} & -(S_{ii}+S_{ij})\dfrac{EI}{L^2} & 0 & (S_{ii}+2S_{ij}+S_{jj})\dfrac{EI}{L} & \\ 0 & (S_{ii}+S_{ij})\dfrac{EI}{L^2} & S_{ij}\dfrac{EI}{L} & 0 & -(S_{ii}+S_{ij})\dfrac{EI}{L^2} & S_{jj}\dfrac{EI}{L} \end{bmatrix}$$

$$(7\text{-}42)$$

其中:$S_{ii}=\dfrac{1}{R}\left(4+\dfrac{12EI}{LR_B}\right)$,$S_{jj}=\dfrac{1}{R}\left(4+\dfrac{12EI}{LR_A}\right)$,$S_{ij}=\dfrac{2}{R}$;弹簧切线刚度 $R_A=\dfrac{M_A}{\theta_A}$,$R_B=\dfrac{M_B}{\theta_B}$,$R=\left(1+\dfrac{4EI}{LR_A}\right)\left(1+\dfrac{4EI}{LR_B}\right)-\left(\dfrac{EI}{L}\right)^2\left(\dfrac{4}{R_AR_B}\right)$,则刚度位移方程 $\boldsymbol{Kx}=\boldsymbol{F}$,其中 $\boldsymbol{K}=\boldsymbol{K}_r\boldsymbol{K}_g$,半刚性连接的节点荷载矩阵 $\boldsymbol{F}=\boldsymbol{F}_P+\boldsymbol{F}_F$,其中 $\boldsymbol{F}_P$ 为直接作用于节点上的荷载矩阵,$\boldsymbol{F}$ 为由梁跨内有分布荷载时产生的节点荷载矩阵,$\boldsymbol{F}_F=\{0,V_{FA}^*,M_{FA}^*,0,V_{FB}^*,M_{FB}^*\}^T$,$M_{FA}^*=(M_{FA}+6\alpha_B M_{FB})/(1+4\alpha_A+4\alpha_B+12\alpha_A\alpha_B)$,$M_{FB}^*=(M_{FB}+6\alpha_A M_{FA})/(1+4\alpha_A+4\alpha_B+12\alpha_A\alpha_B)$,$M_{FA}$、$M_{FB}$ 为横向荷载作用下杆件的固端弯矩;$\alpha_A=EI/(LR_A)$,$\alpha_B=EI/(LR_B)$,$V_{FA}^*=-V_{FB}^*=(M_{FA}^*+M_{FB}^*)/L$。

将单刚矩阵进行坐标转换,集成后再通过对边界条件进行处理,随后得到的非奇异矩阵即为总刚矩阵。上述求解过程也需要进行迭代,迭代过程需要涉及 $P\text{-}\delta$、$M\text{-}\theta$ 的非线性关系。在每一次迭代过程中,把前一步算得的杆端弯矩 M 代入 $M\text{-}\theta$ 中,算得该曲线的切线斜率,即得到新的弹簧转动刚度 R_A 和 R_B。将 R_A 和 R_B 代入下一步开始迭代,判断迭代停止的标准为前后两次迭代的节点弯矩或节点转角的差值在预先设定的控制范围内。

7.4.4　基于结构极限承载力的设计方法研究

对材料的非线性、变形的二阶效应以及初始缺陷若能给予考虑,则在钢结构稳定分析时所得到的结果更能够接近钢结构达到承载力极限破坏状态时的受力特性和变形特征。这种分析方法国外相关文献中称之为钢结构高等分析,不过这种高等分析方法中很少考虑剪切变形的影响。

(1) 考虑剪切变形影响的梁柱理论稳定函数

利用稳定函数的梁柱理论方法对钢框架二阶非弹性进行分析是简便的,因为此方法对每个构件仅使用一个单元就可达到精确的求解。当钢框架梁高跨比比较大时,应考虑剪切变形的影响,在实际进行二阶非弹性分析方法时,除了考虑材料的残余应力、材料的屈服渐进过程和构件几何初始曲线影响外,同时还应考虑剪切变形的影响。

梁柱单元主要有压弯、拉弯梁柱单元,考虑剪切变形影响的梁柱理论的稳定函数:

$$\begin{cases} \varphi_1 = \xi\alpha\cot\alpha \\ \varphi_2 = \xi\alpha^2/(3-3\varphi_1) \\ \varphi_3 = (3\varphi_2+\varphi_1)/4 \\ \varphi_4 = (3\varphi_2-\varphi_1)/2 \\ \varphi_5 = \varphi_1\varphi_2 \end{cases} \tag{7-43}$$

其中 $\alpha = \gamma l/2$;$\gamma = \sqrt{\dfrac{PI}{\xi EI}}$;$\xi = \left(1-j\dfrac{\mu P}{GA}\right)$

P——杆件轴向力;

μ——截面形状修正系数;

A——梁柱构件的截面面积;

$$\varphi = \begin{cases} \cot\alpha, \text{当 } P \text{ 为压力时} \\ \coth\alpha, \text{当 } P \text{ 为拉力时} \end{cases}; j = \operatorname{sgn}(1,P) = \begin{cases} -1, \text{当 } P>0 \text{ 时} \\ 1, \text{当 } P<0 \text{ 时} \end{cases}$$

当轴力较小时,把 $\cot\alpha$ 及 $\coth\alpha$ 按泰勒级数展开,得到压弯(拉弯)构件梁柱单元的稳定函数为:

$$\begin{cases} \varphi_1 = 1+\xi\alpha^2/(3\varphi_2) \\ \varphi_2 = 1-j\{(3-3\xi)/\xi-1/15\}\alpha^2-\{2/315+1/15[(44\xi-45)/\xi](3-3\xi)/\xi-1/15\}\alpha^4+R \\ \varphi_3 = (3\varphi_2+\varphi_1)/4 \\ \varphi_4 = (3\varphi_2-\varphi_1)/2 \\ \varphi_5 = \varphi_1\varphi_2 \end{cases}$$

$$\tag{7-44}$$

式中:$j = \operatorname{sgn}(1,P)$,$R$ 为误差函数。

(2) 梁柱单元增量刚度矩阵方程

假设梁柱构件的截面为双轴对称,并建立梁柱单元增量刚度矩阵方程;假设塑性铰位置仅出现在杆端,且仅发生非弹性转动,梁柱构件弹塑性性能仅包含在零长度的塑性铰内;假设初始屈服函数与完全屈服函数的形状相似;假定腹板和翼缘宽(高)厚比为定值且忽略其局部失稳。

建立方程前需进行如下假定:

a. 构件截面为双轴对称;

b. 构件的塑性铰只在杆端形成,仅能进行非弹性转动;

c. 初始屈服函数和完全屈服函数形状相似;

d. 忽略构件腹板、翼缘板的局部失稳。

① 空间杆单元几何刚度方程的推导

三维梁理论中,梁单元有三个独立的应力分量 ${}_t^t\sigma_{xx}$,${}_t^t\sigma_{xy}$,${}_t^t\sigma_{xz}$ 和三个独立的应变分量

$_t\varepsilon_{xx},\,_t\varepsilon_{xy},\,_t\varepsilon_{xz}$,其线性、非线性部分为$_te_{xx},\,_te_{xy},\,_te_{xz},\,_t\eta_{xx},\,_t\eta_{xy},\,_t\eta_{xz}$。应力和应变之间的本构关系矩阵可表示为:

$$_tD = \begin{bmatrix} E & 0 & 0 \\ 0 & G & 0 \\ 0 & 0 & G \end{bmatrix} \qquad (7\text{-}45)$$

式中　E——弹性模量;

　　　G——剪切弹性模量。

空间杆单元的三维虚功增量方程为:

$$\int_V (Ee_{xx}\delta e_{xx} + 2Ge_{xy}\delta e_{xy} + 2Ge_{xz}\delta e_{xz})\mathrm{d}V + \int_V (\sigma_{xx}\delta\eta_{xx} + 2\sigma_{xy}\delta\eta_{xy} + 2\sigma_{xz}\delta\eta_{xz})\mathrm{d}V$$
$$= {}_t^{t+\Delta t}W - \int_V (\sigma_{xx}\delta e_{xx} + 2\sigma_{xy}\delta e_{xy} + 2\sigma_{xz}\delta e_{xz})\mathrm{d}V$$

$$(7\text{-}46)$$

外力所做的虚功(上下标参考"完全的拉格朗日列式法"上的虚功增量方程的表示方法)$_t^{t+\Delta t}W$可表示为:

$$_t^{t+\Delta t}W = \delta\{\Delta U\}^{T\,t+\Delta t}F \qquad (7\text{-}47)$$

式中　$^{t+\Delta t}F$——节点i和j的等效节点荷载向量。

式(7-47)中都以时间为量纲标准,所以左下角和左上角角标可以去掉。式(7-47)可以看作是节点广义位移增量ΔU的积分式。在进行积分运算时,为了将三维积分转化成一维积分,可先对式(7-47)关于坐标轴z、y积分,再对杆长进行积分。空间杆单元的几何非线性刚度方程可通过虚位移所具有的任意性求得:

$$(K_e + K_g)\Delta U = {}^2F - {}^1F \qquad (7\text{-}48)$$

式中　K_e——空间杆单元的线弹性刚度矩阵;

　　　K_g——空间杆单元的几何刚度矩阵;

　　　ΔU——节点广义位移增量;

　　　^2F——增量步末的空间杆单元节点荷载向量;

　　　^1F——增量步开始时的已平衡节点力向量。

K_e、K_g和^1F的元素可以通过Newton-Cotes积分公式进行数值积分算得。公式将在附录中给出。

② 空间杆单元弹塑性刚度方程的推导

空间杆单元的杆端位移、杆端力如图7-10所示,其节点位移向量为$U = [U_{xA}\ U_{yA}\ U_{zA}\ \theta_{xA}\ \theta_{yA}\ \theta_{zA}\ U_{xB}\ U_{yB}\ U_{zB}\ \theta_{xB}\ \theta_{yB}\ \theta_{zB}]^T$,节点荷载向量为$F = [N_{xA}\ Q_{yA}\ Q_{zA}\ M_{xA}\ M_{yA}\ M_{zA}\ N_{xB}\ Q_{yB}\ Q_{zB}\ M_{xB}\ M_{yB}\ M_{zB}]^T$。

当杆件状态在弹塑性阶段时,弹性状态下产生的位移增量$\mathrm{d}U_e$、塑性状态下产生的位移增量$\mathrm{d}U_p$之和作为杆端位移增量:

$$\mathrm{d}U = \mathrm{d}U_e + \mathrm{d}U_p \qquad (7\text{-}49)$$

单元力增量与弹性位移增量有以下关系:

$$\mathrm{d}F = K_e \mathrm{d}U_e \qquad (7\text{-}50)$$

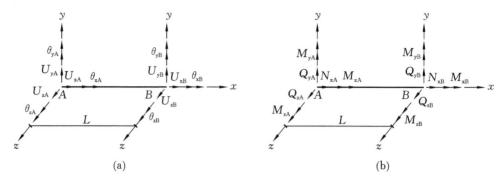

图 7-10 杆端位移和杆端力

(a) 杆端位移;(b) 杆端力

按照 Drucker 正交法则,屈服面的法线方向为塑性变形增量 dU_p 的发展方向,且此增量与杆端力增量相互垂直,也就是:

$$dU_p{}^T dF = 0 \qquad (7-51)$$

当单元 A 端进入塑性状态时,有:

$$dU_{pA} = \lambda_A G_A \qquad (7-52)$$

式中 λ_A——塑性变形指数;

G_A——屈服面的梯度向量,且有

$$G_A = \left[\dfrac{\partial \phi}{\partial N_{xA}}\ \dfrac{\partial \phi}{\partial Q_{yA}}\ \dfrac{\partial \phi}{\partial Q_{zA}}\ \dfrac{\partial \phi}{\partial M_{xA}}\ \dfrac{\partial \phi}{\partial M_{yA}}\ \dfrac{\partial \phi}{\partial M_{zA}}\right]^T \qquad (7-53)$$

式(7-53)中 ϕ 为式(7-59)定义的屈服面方程。若单元的两端都进入塑性状态,则有:

$$dU_p = \begin{bmatrix} dU_{pA} \\ dU_{pB} \end{bmatrix} = \begin{bmatrix} G_A & 0 \\ 0 & G_B \end{bmatrix}\begin{bmatrix} \lambda_A \\ \lambda_B \end{bmatrix} = G\lambda \qquad (7-54)$$

把式(7-54)代入式(7-51),并考虑 λ 的任意性,有:

$$G^T dF = 0 \qquad (7-55)$$

由式(7-48)、式(7-49)、式(7-54)和式(7-55)可以求出塑性变形指数向量:

$$\lambda = (G^T K_e G)^{-1} G^T K_e dU \qquad (7-56)$$

从而得到单元弹塑性增量刚度方程为:

$$dF = K_{ep}dU = [K_e - K_e G (G^T K_e G)^{-1} G^T K_e]dU \qquad (7-57)$$

式(7-57)中,K_{ep} 为单元弹塑性刚度矩阵,$K_{ep} = K_e - K_e G(G^T K_e G)^{-1}G^T K_e$。在单元未进入塑性阶段时,取式(7-57)矩阵 G 为零矩阵,则 K_{ep} 可用弹性刚度矩阵表示;当单元处于塑性状态时,按照式(7-57)逐步修改弹性刚度矩阵。因单元发生的塑性变形一直为正,故当某一荷载步内 λ_i 出现负值时,则表示出现弹性卸载,在弹性卸载后应采用弹性刚度矩阵计算,并不考虑塑性变形。

用 K_{ep} 代替式(7-48)中的线弹性刚度矩阵 K_e 后即得空间杆单元的弹塑性刚度方程:

$$(K_{ep} + K_g)\Delta U = {}^2F - {}^1F \qquad (7-58)$$

③ 内力屈服面方程

当截面内力达到塑性极限内力时,标志着塑性铰的形成,则材料非线性就可以通过塑性铰来考虑。内力屈服面方程是一个和轴力、弯矩 M_z、弯矩 M_y 有关的极限屈服曲面,可以用来判断杆端截面变形状态的方程。对于常用"工"字形截面构件,文献[102]提出了 Orbison 屈服面方程,此方程简单、效率高,但没有考虑扭、剪和翘曲效应,具体形式如图 7-11 所示。

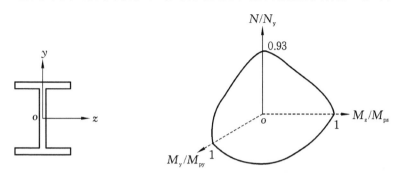

图 7-11 "工"字形截面杆件的内力屈服面

$$\phi = 1.15 p^2 + m_z^2 + m_y^4 + 3.67 p^2 m_z^2 + 3.0 p^6 m_y^2 + 4.65 m_y^2 m_z^4 \tag{7-59}$$

式中 p——轴压比,$p = N/N_y$;

$\quad$ m_y——弱轴弯矩与相应塑性弯矩的比值,$m_y = M_y/M_{py}$;

$\quad$ m_z——强轴弯矩与相应塑性弯矩的比值,$m_z = M_z/M_{pz}$。

ϕ 值的区间取 $0 \sim 1$,当 $\phi = 1$ 时认定为形成塑性铰,则截面完全处于塑性状态,当 $\phi = 0$ 时则表示零应力状态。

④ 考虑半刚性连接空间杆单元的弹塑性刚度方程

为了简化计算,可采用零长度双向变刚度的螺旋弹簧来模拟梁-柱半刚性连接的空间杆单元的性能,设螺旋弹簧刚度为 R_k。如图 7-12 所示,假设单元两端的转角增量为 $\Delta \boldsymbol{\theta}$,并将杆端连接考虑成半刚性连接。梁柱的相对转角增量为 $\Delta \boldsymbol{\theta}_r$。

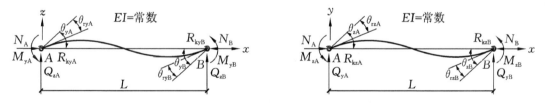

图 7-12 空间半刚性连接梁-柱单元示意图

M—截面弯矩;Q—截面剪力;N—截面轴力

半刚性连接空间杆单元的增量刚度方程,可采用下列形式表示:

$$\boldsymbol{P}(\Delta \boldsymbol{\theta} - \Delta \boldsymbol{\theta}_r) = {}^2\boldsymbol{M} - {}^1\boldsymbol{M} \tag{7-60}$$

$${}^2\boldsymbol{M} = \boldsymbol{R}_k \Delta \boldsymbol{\theta}_r \tag{7-61}$$

从而有:

$$\Delta \boldsymbol{\theta}_r = (\boldsymbol{R}_k + \boldsymbol{P})^{-1} (\boldsymbol{P} \Delta \boldsymbol{\theta} + {}^1\boldsymbol{M}) \tag{7-62}$$

将式(7-62)代入式(7-61)得:

$${}^2\boldsymbol{M} = \boldsymbol{R}_k (\boldsymbol{R}_k + \boldsymbol{P})^{-1} (\boldsymbol{P} \Delta \boldsymbol{\theta} + {}^1\boldsymbol{M}) \tag{7-63}$$

即：
$$^2\boldsymbol{M} = \boldsymbol{C}_{\mathrm{P}} \Delta\boldsymbol{\theta} + \boldsymbol{M}_{\mathrm{F}} \tag{7-64}$$

在上面的推导中：

$$^2\boldsymbol{M} = \begin{Bmatrix} ^2M_{yA} \\ ^2M_{zA} \\ ^2M_{yB} \\ ^2M_{zB} \end{Bmatrix} \quad ^1\boldsymbol{M} = \begin{Bmatrix} ^1M_{yA} \\ ^1M_{zA} \\ ^1M_{yB} \\ ^1M_{zB} \end{Bmatrix} \quad \Delta\boldsymbol{\theta} = \begin{Bmatrix} \Delta\theta_{yA} \\ \Delta\theta_{zA} \\ \Delta\theta_{yB} \\ \Delta\theta_{zB} \end{Bmatrix} \quad \Delta\boldsymbol{\theta}_{\mathrm{r}} = \begin{Bmatrix} \Delta\theta_{ryA} \\ \Delta\theta_{rzA} \\ \Delta\theta_{ryB} \\ \Delta\theta_{rzB} \end{Bmatrix}$$

$$\boldsymbol{R}_{\mathrm{k}} = \begin{bmatrix} R_{kyA} & & & 0 \\ & R_{kzA} & & \\ & & R_{kyB} & \\ 0 & & & R_{kzB} \end{bmatrix} \quad \boldsymbol{C}_{\mathrm{P}} = \begin{bmatrix} C_{P1} & & C_{P5} & \\ & C_{P2} & & C_{P6} \\ C_{P5} & & C_{P3} & \\ & C_{P6} & & C_{P4} \end{bmatrix}$$

$$\boldsymbol{P} = \begin{bmatrix} P_1 & & P_5 & \\ & P_2 & & P_6 \\ P_5 & & P_3 & \\ & P_6 & & P_4 \end{bmatrix} + \begin{bmatrix} S_{5,5} & & S_{5,11} & \\ & S_{6,6} & & S_{6,12} \\ S_{5,11} & & S_{11,11} & \\ & S_{6,12} & & S_{12,12} \end{bmatrix} + \begin{bmatrix} G_{5,5} & & G_{5,11} & \\ & G_{6,6} & & G_{6,12} \\ G_{5,11} & & G_{11,11} & \\ & G_{6,12} & & G_{12,12} \end{bmatrix}$$

其中 $S_{5,5}$、$S_{6,6}$、$S_{11,11}$、$S_{12,12}$、$S_{5,11}$、$S_{6,12}$ 和 $G_{5,5}$、$G_{6,6}$、$G_{11,11}$、$G_{12,12}$、$G_{5,11}$、$G_{6,12}$ 分别为矩阵 $\boldsymbol{K}_{ep}$ 和 $\boldsymbol{K}_{g}$ 中的对应元素；$\boldsymbol{C}_{p} = \boldsymbol{R}_{k}(\boldsymbol{R}_{k} + \boldsymbol{P})^{-1}\boldsymbol{P}$，由矩阵运算后得到：

$$C_{p1} = \frac{P_1(P_3 + R_{kyB}) - P_5^2}{(P_1 + R_{kyA})(P_3 + R_{kyB}) - P_5^2} R_{kyA} \qquad C_{p2} = \frac{P_2(P_4 + R_{kzB}) - P_6^2}{(P_2 + R_{kzA})(P_4 + R_{kzB}) - P_6^2} R_{kzA}$$

$$C_{p3} = \frac{P_3(P_1 + R_{kyA}) - P_5^2}{(P_1 + R_{kyA})(P_3 + R_{kyB}) - P_5^2} R_{kyB} \qquad C_{p4} = \frac{P_4(P_2 + R_{kzA}) - P_6^2}{(P_2 + R_{kzA})(P_4 + R_{kzB}) - P_6^2} R_{kzB}$$

$$C_{p5} = \frac{P_5 R_{kyB}}{(P_1 + R_{kyA})(P_3 + R_{kyB}) - P_5^2} R_{kyA} \qquad C_{p6} = \frac{P_6 R_{kzA}}{(P_2 + R_{kzA})(P_4 + R_{kzB}) - P_6^2} R_{kzB}$$

半刚性连接杆单元的弹塑性刚度方程可通过将 C_{p1}、C_{p6} 分别替换矩阵 $(\boldsymbol{K}_{ep} + \boldsymbol{K}_{g})$ 中杆端的转角及弯矩有关的相应元素获得：

$$\boldsymbol{K}_{\mathrm{r}}\Delta\boldsymbol{U} = {}^2\boldsymbol{F} - {}^1\boldsymbol{F} \tag{7-65}$$

式中 $\boldsymbol{K}_{\mathrm{r}}$——半刚性连接空间杆单元几何刚度矩阵，若令 $G_{5,5}$、$G_{6,6}$、$G_{11,11}$、$G_{12,12}$、$G_{5,11}$、$G_{6,12}$ 均为零，半刚性连接空间杆单元的弹塑性刚度矩阵 $\boldsymbol{K}_{rep}$ 可以通过元素替换的方式获得，即用矩阵 $\boldsymbol{C}_{\mathrm{P}}$ 中的元素来替换矩阵 $\boldsymbol{K}_{rep}$ 中的相应元素。

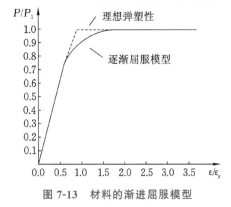

图 7-13 材料的渐进屈服模型

⑤ 修正二阶精细化塑性铰法的增量刚度矩阵方程

如图 7-13 所示，材料的剪切变形、渐进屈服和残余应力对材料性能有很大影响，在考虑这些影响后，得到修正后的梁柱单元二阶塑性铰法增量刚度矩阵方程：

$$\boldsymbol{k}_{\mathrm{sepT}\,6\times6}^{\mathrm{e}}\,\Delta\boldsymbol{\delta}^{\mathrm{e}} - \Delta\boldsymbol{f}^{\mathrm{e}} = 0 \tag{7-66}$$

$$\Delta\boldsymbol{f}^{\mathrm{e}} = \{\Delta N_{x1}, \Delta V_{y1}, \Delta M_{z1}, \Delta N_{x2}, \Delta V_{y2}, \Delta M_{z2}\}^{\mathrm{T}}$$

$$\Delta\boldsymbol{\delta}^{\mathrm{e}} = \{\Delta u_{x1}, \Delta v_{y1}, \Delta\theta_{z1}, \Delta u_{x2}, \Delta v_{y2}, \Delta\theta_{z2}\}$$

$$
式中：\boldsymbol{k}_{\text{sepT}}^{\text{e}}=
\begin{bmatrix}
\dfrac{E_{\text{t}}A}{l} & 0 & 0 & \dfrac{E_{\text{t}}A}{l} & 0 & 0 \\[2mm]
 & k_{22}^{\text{ep}} & k_{23}^{\text{ep}} & 0 & k_{25}^{\text{ep}} & k_{26}^{\text{ep}} \\[2mm]
 & & k_{33}^{\text{ep}} & 0 & k_{35}^{\text{ep}} & k_{36}^{\text{ep}} \\[2mm]
 & & & \dfrac{E_{\text{t}}A}{l} & 0 & 0 \\[2mm]
 & \text{SYM} & & & k_{55}^{\text{ep}} & k_{56}^{\text{ep}} \\[2mm]
 & & & & & k_{66}^{\text{ep}}
\end{bmatrix}
$$

其中　$k_{22}^{\text{ep}}=i(2\phi_3+\phi_4)(2\phi_3\xi_1+2\xi_2\phi_3+2\xi_1\xi_2\phi_4-\xi_1\phi_4-\xi_2\phi_4)/(l^2\phi_3)$；

$k_{23}^{\text{ep}}=i\xi_1(2\phi_3+\phi_4)(2\phi_3+\xi_2\phi_4-\phi_4)/(l\phi_3)$；

$k_{25}^{\text{ep}}=-i(2\phi_3+\phi_4)(2\phi_3\xi_1+2\xi_2\phi_3+2\xi_1\xi_2\phi_4-\xi_1\phi_4-\xi_2\phi_4)/(l^2\phi_3)$；

$k_{26}^{\text{ep}}=i\xi_2(2\phi_3+\phi_4)(2\phi_3+\xi_1\phi_4-\phi_4)/(l\phi_3)$；

$k_{33}^{\text{ep}}=i\xi_1(4\phi_3^2-\phi_4^2+\phi_4^2\xi_2)/\phi_3$；

$k_{35}^{\text{ep}}=-i\xi_1(2\phi_3+\phi_4)(2\phi_3+\xi_2\phi_4-\phi_4)/(l\phi_3)$；

$k_{36}^{\text{ep}}=2i\xi_1\phi_4\xi_2$；

$k_{55}^{\text{ep}}=i(2\phi_3+\phi_4)(2\phi_3\xi_1+2\xi_2\phi_3+2\xi_1\xi_2\phi_4-\xi_1\phi_4-\xi_2\phi_4)/(l^2\phi_3)$；

$k_{56}^{\text{ep}}=-i\xi_2(2\phi_3+\phi_4)(2\phi_3+\xi_1\phi_4-\phi_4)/(l\phi_3)$；

$k_{66}^{\text{ep}}=i\xi_2(4\phi_3^2-\phi_4^2+\phi_4^2\xi_2)/\phi_3$；

式中　A——截面面积；

E——弹性模量；

l——杆件长度；

I——截面惯性矩；

i——线刚度，$i=\dfrac{EI}{l}$；

E_{t}——切线模量；

ξ_1,ξ_2——梁柱单元1、2端和横截面渐进屈服有关的非弹性单元刚度折减系数。

当 $\xi_1=1$、$\xi_1=0$、$0<\xi_1<1$ 时，分别表示梁柱单元1端横截面位于弹性阶段、塑性铰形成阶段、部分发展塑性阶段。为了考虑残余应力时的切线模量，运用布莱希(Bleich)概念，得出渐进屈服引起的构件刚度退化折减系数，即：

$$\xi=\frac{E_{\text{t}}}{E}=\alpha(1-\beta)\beta \tag{7-67}$$

式中　α——考虑残余应力影响的渐进屈服系数，$\alpha=\dfrac{1}{\alpha_{\text{p}}(1-\alpha_{\text{p}})}$；

β——压屈比，$\beta=\dfrac{\alpha_{\text{p}}}{f_{\text{y}}}$；

α_{p}——比例极限与屈服点之比，$\alpha_{\text{p}}=\dfrac{f_{\text{p}}}{f_{\text{y}}}$；

$f_{\text{p}},f_{\text{y}}$——钢材的屈服极限和比例极限。

用刚度退化函数 ξ 来反映截面的渐进屈服：

$$\xi_i = \begin{cases} 1.0 & \text{当 } \beta \leqslant 0.5 \\ \alpha\beta(1-\beta) & \text{当 } \beta > 0.5 \end{cases} \tag{7-68}$$

由屈服面确定的屈服指数 β，采用 Orbison 截面内力屈服面模型：

$$\beta = 1.15p^2 + m_z^2 + 3.67p^2m_z^2 + 3.0p^6m_z^2 \tag{7-69}$$

其中　$p = P/P_y$。

P_y——截面屈服轴力；

m_z——屈服弯矩。

塑性铰形成使塑性弯矩增量随轴力的变化而改变，故可通过对梁柱单元刚度进行修正，来反映塑性弯矩增量的变化。修正时可以对梁柱单元局部坐标进行变化，由于坐标变换矩阵受参考构件形状变化的影响，可通过不断改变的节点坐标数值来考虑。

本 章 小 结

本章主要对具有半刚性节点的钢框架设计进行了分析，主要研究内容及结论如下：

（1）系统总结了半刚性梁柱连接承载力计算的基本要求，分析了梁柱连接节点强度验算的基本范围，重点介绍了利用组件法确定 T 型钢梁柱连接进行承载力计算的基本步骤。

（2）通过半刚性梁柱连接约束梁的计算模型，用梁两端变刚度带抗弯弹簧来模拟梁柱连接的半刚性，引入半刚性连接刚度修正系数，从而建立有侧移半刚性连接钢框架柱计算长度系数的修正公式。

（3）通过建立平面框架二阶效应和连接半刚性的弹性刚度位移方程，引入考虑剪切变形影响的梁柱理论的稳定函数，考虑半刚性连接空间杆单元的弹塑性刚度方程，最后确定了修正二阶精细化塑性铰法的增量刚度矩阵方程，将极限承载力法作为基础，建立半刚性连接钢框架二阶非弹性分析方法。

8 结论与展望

8.1 结　论

在美国北岭地震和日本阪神地震中,钢结构建筑出现了很多破坏,这些破坏主要由梁柱刚性连接节点脆性断裂引起。因此,国内外很多专家对钢结构梁柱连接节点做了大量研究,特别是对高强螺栓梁柱连接进行了大量研究,这种高强螺栓连接现场不需要施焊,受力时梁柱之间可以相对转动,并且能传递一定的剪力和弯矩,其性能处于刚性连接和半刚性连接之间,称之为半刚性连接。半刚性连接节点较刚性连接节点具有较好的耗能和抗震性能。本文针对剖分T型钢半刚性连接节点钢框架在地震作用下和低周循环荷载作用下的刚度变化、受力性能、承载能力、位移反应、加速度反应及滞回性能等方面,主要做了以下工作:

(1) 通过理论推导对T型钢连接的受力性能进行了分析,得出:剖分T型钢框架节点属于刚度较大的半刚性连接;剖分T型钢的参数对节点连接的性能等影响较大,节点的力学性能与高强螺栓的预拉力有关,节点域的抗剪能力直接影响梁柱连接整体的抗震性能。

(2) 通过柱端加载的方式对三个剖分T型钢梁、柱连接的节点进行低周反复荷载试验研究和有限元数值模拟,得出:由于框架中节点处两侧梁端均有约束,因此相对来说,框架中柱节点的屈服位移、屈服荷载、最大荷载均大于采用相同型号剖分T型钢进行连接的框架边节点的屈服位移、屈服荷载、最大荷载;而采用较大尺寸剖分T型钢的框架中的屈服位移、屈服荷载、最大荷载均大于采用较小尺寸剖分T型钢连接的框架中节点连接的屈服位移、屈服荷载、最大荷载;通过试验发现:剖分T型钢梁、柱连接由于节点处没有任何焊缝施工,试验中表现出很好的耗能特性,具有良好的抗震性能,并且通过计算试验过程中各节点每个循环下的耗能系数发现,各节点的耗能系数在2倍屈服位移处出现下降,这是由于节点完全进入屈服阶段造成的。研究结果还显示:剖分T型钢连接的节点最大应变均发生于T型件翼缘与腹板交界处,该处最先产生塑性铰;通过测量发现,对于使用剖分T型钢连接的节点来说,T型件的尺寸越小越容易发生较大变形,其耗能能力越强;此外,在加载过程中三个节点的梁、柱翼缘均处于弹性变形阶段,而节点域均进入塑性变形阶段;通过测量加载过程中梁、柱相对转角发现,试验结束时,三个节点的梁柱相对转角均超过了美国FEM要求的0.03 rad。

(3) 通过对剖分T型钢连接的单榀两层平面钢框架进行低周反复加载试验,发现整个框架没有发生节点失效以及其他脆性断裂的情况,具有很好的变形耗能能力。试验过程中观察到:框架的塑性铰最先出现在T型钢翼缘和腹板连接处;在试验进行的过程中,T型钢的翼缘与柱翼缘之间最先被拉开一条缝隙,最后框架柱发生平面外倾斜,说明该框架在加载过程中T型钢首先发生屈服,随着加载的进行,梁发生屈服,最后框架柱发生屈曲,框架破坏;通过对其滞回曲线和骨架曲线进行分析,发现对于两层单榀平面框架来说,底层的耗能能力大于顶层的耗能能力,并且随着荷载的增大结构出现了明显的刚度退化现象,框架的侧移增大,这主要是由于局部截面发生屈曲,导致截面抗弯刚度下降。此外,随着加载级数的增大,钢框架的顶层层间位移角和底层层间位移角先后达到了规范要求的极限值。

(4) 通过对两层单跨双榀 T 型钢连接空间钢框架进行低周反复加载试验,初步研究了这种连接下钢框架的特性及破坏机制,填补了关于剖分 T 型钢半刚性连接空间钢框架拟静力试验的空白,分析了该空间框架在加载过程中关键点的应变及位移响应,结果表明:该框架的设计符合"强柱弱梁"的设计理念;通过对空间钢框架的滞回曲线和骨架曲线进行分析,计算了空间框架的耗能系数、延性系数等参数,表明该框架具有很好的抗震性能和耗能能力,为剖分 T 型钢空间钢框架的研究提供了一定的参考依据。

(5) 为了研究剖分 T 型钢连接钢框架的抗震性能,本书测量剖分 T 型钢梁柱连接节点的空间钢框架在 EL-Centro 地震动作用下的拟动力响应。监测钢框架在 70 gal、140 gal、220 gal 地震动响应下的应变、位移、荷载变化以及滞回曲线,分析了梁、T 型钢、柱和柱脚的应变发展趋势,通过试验获得了钢框架顶层荷载-位移滞回曲线。通过对结构体系试验结果与理论分析进行对比,说明采用双自由度拟动力加载试验方法模拟钢框架结构的地震反应是可行的。根据试验得出,半刚性节点的空间钢框架,在按比例施加外部地震作用时,楼层处的水平位移的增长较外部地震作用的增长比例略大,本次试验的增大结果为 25% ~ 35%,说明由于采用了半刚性的节点连接形式,使梁柱节点处的延性有所改善,避免了刚性节点因变形较小而发生脆性破坏,达到了提高地震时的整体结构延性的目的;梁柱节点处延性的改善,并没有影响到上下楼层处的变形关系,从无柱压和柱加压试验的结果看,随着地震作用的增长,上下楼层间的变形比例关系始终保持一致,说明半刚性节点在弹性变形范围内,能很好地保持楼层间的变形关系,采用剖分 T 型钢半刚性连接节点的钢框架结构体系,在弹性范围内具有与刚性连接一样的线性变形关系;剖分 T 型钢在整个拟动力试验过程中,与梁翼缘连接的 T 型钢腹板处应变发展较快,与柱翼缘连接的 T 型钢翼缘处应变发展较慢,即梁端先于柱端屈服,体现了抗震设计所要求的"强柱弱梁"原则。

(6) 系统总结了半刚性梁柱连接承载力计算的基本要求,分析了梁柱连接节点强度验算的基本范围,重点介绍了利用组件法确定 T 型钢梁柱连接并进行承载力计算的基本步骤;通过半刚性梁柱连接约束梁的计算模型,用梁两端变刚度带抗弯弹簧来模拟梁柱连接的半刚性,引入半刚性连接刚度修正系数,从而建立有侧移半刚性连接钢框架柱计算长度系数的修正公式;通过建立平面框架二阶效应和连接半刚性的弹性刚度位移方程,引入考虑剪切变形影响的梁柱理论的稳定函数,考虑半刚性连接空间杆单元的弹塑性刚度方程,最后确定了修正二阶精细化塑性铰法的增量刚度矩阵方程,将极限承载力法作为基础,建立半刚性连接钢框架二阶非弹性分析方法。

8.2 展　望

钢框架梁柱连接是钢框架受力体系中最重要的一环,但由于影响因素较多,各种性能并不能完全了解清楚。半刚性梁柱钢框架由于梁柱连接不需要现场施焊,高强螺栓质量更容易保障,因此具有很好的应用前景。但由于我国有关半刚性连接性能数据库和相关规范的缺乏,对半刚性梁柱连接钢框架性能的研究尚处于初级阶段,已有的研究存在许多不足之处,尚需做出深层次的理论分析和试验研究,因此今后可从以下方面着手研究:

(1)由于各种半刚性梁柱连接的影响因素较多,因此,应首先重点对各种典型半刚性梁柱连接进行静力荷载作用下的试验研究,从而确定出各类连接类型的 $M\text{-}\theta_r$ 关系,并得到各种连接的影响因素,得出常用半刚性梁柱连接的简单实用的设计方法,从而推动半刚性梁柱连接在工程中的应用。

(2)半刚性连接钢框架+支撑体系之间的相互影响以及相互关系。

(3)本文仅对一个空间半刚性连接钢框架进行了拟静力试验研究,很多影响因素还无法得出,需要做大量的试验才能得到空间半刚性连接钢框架的一些性能。

(4)高强螺栓预拉力在反复加载过程中的变化规律。

(5)罕遇地震作用下,通过拟动力试验或震动台试验得出半刚性连接钢框架的抗震性能、耗能特性、破坏模式等。

参 考 文 献

[1] 陈民三,胡连文.钢结构在建筑工程中的应用与发展[J].建筑结构学报,1990,11(4):73-80.

[2] 邱国桦.高层建筑钢结构的技术经济探讨及今后发展的建议[J].建筑结构学报,1991,12(6):25-32.

[3] 崔鸿超.高层建筑钢结构在我国的发展[J].建筑结构学报,1997,18(1):60-71.

[4] 王新武,管克俭,段祺成.轻钢结构住宅结构体系及应用[J].洛阳工业高等专科学校学报,2002,12(2):14-15.

[5] 管克俭,王新武,彭少民.轻钢结构在多层建筑中的应用及发展[C].第十届全国结构工程学术会议论文集.南京:工程力学,2001:612-616.

[6] European Committee for Standardization (CEN). Eurocode3, Design of Steel Structures, Part 1.8: Design of Joints[S]. Pr EN 1993-1-8, 2003.

[7] American Institute of Steel Construction. Seismic provisions for structural steel Buildings. AISC 341-10[S]. Chicago: IL, 2010.

[8] WILLIAM E GATES. MANUEL MODERN. Professional Structural Engineering Experience Related to Welded Steel Moment Frames Following the Northridge Earthquake[J]. Engineering Structures, 1998, 20(4-6): 249-260.

[9] S JALAL. A numerical method for the analysis of steel frames considering connection flexibility [D]. Sains Malaysia: University Sains Malaysia, 2003.

[10] 王新武,杨红霞,孙洪刚.H型钢梁柱T型连接的研究[C].第二届全国现代结构工程学术研讨会论文集.安徽:工业建筑增刊,2002:620-622.

[11] 王新武.半刚性连接钢框架有限元分析和研究[J].世界地震工程,2004,20(2):77-80.

[12] 王新武.钢框架梁柱连接研究[D].武汉:武汉理工大学,2003.

[13] 徐凌,李晓龙.钢结构半刚性节点连接试验与性能分析[J].辽宁工程技术大学学报,2006,25(1):66-69.

[14] 王秀丽,殷占忠,梁亚雄,等.钢框架半刚性节点抗震性能试验研究[C].第十三届全国结构工程学术会议论文集(第Ⅲ册).江西:工程力学增刊.2004:123-128.

[15] 赵玉霞.T型钢梁柱连接的半刚性性能研究[D].成都:西南交通大学,2007.

[16] 中华人民共和国行业标准.建筑抗震设计规范:GB 50011—2010[S].北京:中国建筑工业出版社,2016.

[17] 陈惠发.钢框架稳定设计[M].周绥平,译.北京:世界图书出版公司,1999.

[18] 王涛.端板连接弯矩-转角关系及半刚性钢框架抗震性能的研究[D].广州:华南理工大学,2013.

［19］段祺成.梁柱外伸端板、T型连接节点的试验研究［D］.武汉：武汉理工大学,2003.

［20］黄聪.中美钢结构设计规范关于连接设计的对比研究［D］.成都：西南石油大学,2012.

［21］American Institute of Steel Construction：Allowable Stress Design Specification for Structural Steel Buildings［S］.Chicago：IL,1989.

［22］American Institute of Steel Construction：Load and Resistance Factor Design Specification for Structural Steel Buildings［S］.Chicago：IL,1999.

［23］S O DEGERTEKIN,et al.Optimal load and resistance factor design of geometrically nonlinear steel space frames via tabu search and genetic algorithm［J］.Engineering Structures,2008(30)：197-205.

［24］KISHI N,CHEN W F.Data Base of Steel Beam-to-Column Connections［R］.Structural Engineering Report No. CE-STR-86-26,School of Civil Engineering,Purdue University,West Lafayette,IN,1986,653.

［25］NETHERCOT D A.Utilization of experimentally obtained connection data in assessing the performance of steel frames,in Connection Flexibility and Steel Frames［C］.Proceedings of a Session Sponsored by the Structural Division,ASCE,Detroit：1985b,13-37.

［26］CHEN S J,YEH C H,et al.Ductile Steel Beam-to-Column Connections for Seismic Resistance［J］.Journal of Structural Engineering,ASCE,1996,122(11)：649-693.

［27］YEE Y L,MELCHERS R E.Moment-rotation curves for bolted connections［J］.Journal of Structural Engineering,ASCE,1986,112(3)：615-635.

［28］DANIEL GRECEA,FLOREA DINU,DAN DUBINĂ.Performance criteria for MR steel frames in seismic zones［J］.Journal of Constructional Steel Research,2004,60(35)：739-749.

［29］杜俊,印真,陈力奋.梁柱半刚性连接对钢结构整体抗震性能的影响研究［J］.动力学与控制学报,2013,11(2)：172-177.

［30］石永久,李兆凡,陈宏,等.高层钢框架新型梁柱节点抗震性能试验研究［J］.建筑结构学报,2002,23(3)：2-7.

［31］赵大伟,石永久,陈宏.低周往复荷载下梁柱节点的试验研究［J］.建筑结构,2000,30(9)：3-6.

［32］宋振森,顾强,郭兵.刚性钢框架梁柱连接试验研究［J］.建筑结构学报,2001,31(1)：53-56.

［33］马翠玲,孙颂旦,华建兵,等.模拟地震作用下半刚性框架有限元分析［J］.低温建筑技术,2009,138(12)：34-36.

［34］马翠玲,孙颂旦,华建兵,等.半刚性连接钢框架抗震性能分析［J］.低温建筑技术,2010,139(1)：32-33.

［35］王新武,李和平,蒋沧如.梁柱角钢连接节点的滞回性能试验研究［J］.华中科技大学学报(自然科学版),2003,31(8)：13-15.

［36］张丽娟,王新武.半刚性连接节点的类型及其受力性能［J］.洛阳理工学院学报(自

然科学版),2009,19(1):25-28.

[37] 刘彩玲,王泽军,等.钢框架结构整体抗震性能试验研究[J].四川建筑,2008,28(5):114-116.

[38] 李国强,石文龙,王静芬.半刚性连接钢框架结构设计[M].北京:中国建筑工业出版社,2009.

[39] SANG-SUP LEE,TAE-SUP MOON.Moment-rotation model of semi-rigid connections with angles[J].Engineering Structures,2002,24(2):227-237.

[40] 完海鹰,周涛.半刚性节点研究综述及展望[J].钢结构,2006,21(1):37-40.

[41] 舒兴平,胡习兵,向芳,等.钢框架半刚性连接性能研究综述[J].钢结构,2004 增刊:28-41.

[42] 舒兴平,袁智深,张再华,等.半刚性连接钢结构理论与设计研究的综述[J].工业建筑,2009,36(6):13-17.

[43] 叶康,李国强,张彬.钢框架半刚性连接研究综述[J].结构工程师,2005,21(4):66-74.

[44] A S Elnashai,A Y Elghazouli,F A Denesh-Ashtiani.Response of semi-rigid steel frame to cyclic and earthquake loads [J].Journal of Structural Engineering,ASCE,1994,124(8):178-180.

[45] M IVANYI,G VARGA.Larges caletests of steel frames with semi-rigid connections under quasi-static cyclic loadings [C].Third International Conference on Behavior of Steel Strueture in SELsmic Areas STEESSA.Montreal,Canada:2000.

[46] D S SOPHINOPOULOS.The effect of joint flexibility on the freee lastic vibration charaeteristies of steel Plane frames[J].Joumal of Construetional Steel Researeh,2003,59(8):995-1008.

[47] GHOBARAH,A OSMAN,R M KOROL.Behaviour of extended end-plate connections under cyclic loading [J].Engineering and Structure,1990,12(1):15-27.

[48] 郭兵.钢框架梁柱端板连接在循环荷载作用下的破坏机理及抗震设计对策[D].西安:西安建筑科技大学,2002.

[49] 郭兵,陈爱国.半刚接钢框架的有限元分析及性能探讨[J].建筑结构学报,2001,22(5):48-52.

[50] 王燕,彭福明.钢框架梁柱半刚性节点在循环荷载作用下的试验研究[J].工业建筑,2001,31(12):55-57.

[51] 彭福明,王燕.外伸端板半刚性节点在循环荷载作用下的研究[J].青岛建筑工程学院学报,2001,22(4):75-79.

[52] 王新武,孙犁.钢框架半刚性连接性能研究[J].武汉理工大学学报,2002,24(11):33-35.

[53] 施刚,石永久,李少甫,等.多层钢框架半刚性端板连接的循环荷载试验研究[J].建筑结构学报,2005,26(2):74-80.

[54] 孙犁,李凤霞.半刚性连接钢框架抗震性能的模型试验研究[J].世界地震工程,

2005,21(4):143-147.

[55] 完海鹰.钢结构半刚性连接体系理论分析及实验研究[D].安徽:中国科学技术大学,2009.

[56] 完海鹰,郑晓清.半刚性连接整体钢框架拟动力试验分析[J].合肥工业大学学报(自然科学版),2008,31(12):2013-2015.

[57] 曹忠华.钢框架半刚性连接整体性能的拟动力试验研究[D].合肥:合肥工业大学,2007.

[58] 周楠楠,等.半刚性连接钢框架的抗震性能分析[J].工业建筑,2009,39(3):112-115.

[59] 胡习兵,沈蒲生,舒兴平.半刚性连接钢框架结构弹性时程分析[J].2008,28(3):65-70.

[60] 胡习兵,沈蒲生,舒兴平,等.连接的半刚性对钢框架结构动力性能的影响[J].工程抗震与加固改造,2006,28(6):30-38.

[61] 胡习兵.半刚性连接平面钢框架结构弹塑性分析及抗震性能研究[D].长沙:湖南大学,2007.

[62] 中华人民共和国行业标准.钢结构设计标准:GB 50017—2017[S].北京:中国建筑工业出版社,2017.

[63] 王新武,李捍无,彭少民,等.剖分T型钢梁柱连接的滞回性能试验研究[J].华中科技大学学报(城市建设版),2003,20(2):47-49.

[64] 胡长姣,王新武.T型钢连接空间钢框架的动力性能研究[J].科学技术与工程,2014,14(30):82-85.

[65] 李凤霞,布欣,王新武.剖分T型钢梁柱连接滞回性能研究[J].建筑科学,2010,26(5):28-32.

[66] 胡习兵.T型钢半刚性节点的性能研究[D].长沙:湖南大学,2004.

[67] 舒兴平,胡习兵.T型钢半刚性连接节点的承载力分析[J].钢结构,2005,20(5):35-40.

[68] 舒兴平,胡习兵,熊曜.钢框架梁柱T型钢半刚性连接节点的性能研究[J].建筑结构,2006,36(8):6-9.

[69] POPOV E P,TAKHIROV S M.Bolted large seismic beamto-columu connections:part1:experimental study[J].Engineering Structures,2002,24(12),1523-1534.

[70] BURSI O S,ZANDONINI R.Low-Cycle Behaviour of Isolated Bolted Tee Stubs and Extended End Plate Connections[C].Proceedings Annual Technical Session,and Meeting.Canada:Structural Stability Research Council,1997,9-11.

[71] SWANSON J A,KOKAN D A,LEON R T.Advanced finite element modeling of bolted T-stub connection components[J].Journal of Constructional Steel Research,2002,58(5-8):1015-1031.

[72] 黄海棠.T型钢梁柱半刚性连接节点在静载作用下的极限承载性能研究[D].南宁:广西大学,2012.

[73] 李旭红.钢筋混凝土和预应力混凝土框架节点二维抗震性能与设计方法研究[D].福建:福州大学,2011.

[74] 孙训方,方孝淑,关来泰.材料力学[M].北京:高等教育出版社,1997.

[75] 王燕,彭福明.多高层钢框架梁柱半刚性连接性能[J].建筑结构,2000,30(9):18-20.

[76] 中华人民共和国行业标准.钢结构高强度螺栓连接设计、施工及验收规程:JGJ 82—2011[S].北京:中国建筑工业出版社,2011.

[77] 张玉德,张树华.钢框架梁柱非刚性螺栓连接的计算[J].建筑结构,2003,33(3):54-55.

[78] 中华人民共和国行业标准.钢及钢产品力学性能试验取样位置及试样制备:GB/T 2975—2018[S].北京:中国建筑工业出版社,2018.

[79] BHATTI,M ASGHAR,HINGTGEN,et al.Effects of connection stiffness and plasticity on the service load behavior of unbraced steel frames[J].Engineering Journal,1995,32(1):21-23.

[80] 王新武,王莹,张慧娟.狗骨式刚性连接钢框架有限元分析[J].河南科技大学学报,2004,25(2):67-70.

[81] 李国强,王静峰,刘清平.竖向荷载下足尺半刚性连接组合框架实验研究[J].土木工程学报,2006,39(7):43-51.

[82] 中华人民共和国国家标准.金属拉力试验方法/第 1 部分:室温试验方法:GB/ 228.1—2010[S].北京:中国建筑工业出版社,2010.

[83] 陈宏,施龙杰,王元清,等.钢结构半刚性节点的数值模拟与实验研究[J].中国矿业大学学报,2005,34(1):102-106.

[84] CHI B,UANG C M.Cyclic response and design recommendations of reduced beam section moment connections with deep columns[J].Engineering Structures,2002,128(4):464-473.

[85] 邱法维,钱稼茹,陈志鹏.结构抗震实验方法[M].北京:科学出版社,2000.

[86] 朱伯龙.结构抗震试验[M].北京:地震出版社,1989.

[87] 赵鹏飞,王亚勇,程绍革.一种新型的结构抗震试验方法[J].工程抗震与加固改造,2005,27(6):41-44.

[88] 吕佳.半刚性连接钢支撑框架的拟动力试验及程序研究[D].合肥:合肥工业大学,2010.

[89] 田石柱,赵桐.抗震拟动力试验研究[J].世界地震工程,2001,17(4):60-66.

[90] S G BUONOPANE,R N WHITE.Pseudo dynamic Testing of Masonry In filled RELnforced Concrete frame[J].The Journal of Structural Engineering,OASCE,1999,125(6):578-589.

[91] M NAKASHIMA,et al.Development of real-time pseudo dynamic testing[J].Earthquake engineering and structural dynamics,1992,(21):79-92.

[92] 周凌,邵军,张鹏梁.结构拟动力试验方法的初探[J].工业建筑增刊.2006,36:

284-287.

［93］完海鹰,王建国,王秀喜.半刚性连接钢框架的拟动力实验研究[J].实验力学,2009,24(4):299-306.

［94］曹均锋.钢框架体系拟动力试验及两种实现方法的对比研究[D].合肥:合肥工业大学,2007.

［95］郑晓清.半刚性节点钢框架的拟动力实验与程序分析[D].合肥:合肥工业大学,2009.

［96］完海鹰,郑晓清.半刚性连接整体钢框架拟动力试验分析[J].合肥工业大学学报(自然科学版),2008,31(12):2013-2015.

［97］BARAKAT M,CHEN W F.Practical analysis of semi-rigided frames[J].Engneering Journal,1990,27(2):54-68.

［98］陈骥.钢结构稳定——理论与设计[M].北京:科学出版社,2001.

［99］CHEN W F,ATSUTA T.Theory of Beam-columns.Space Behavior and Design[R].Mc Graw-Hill Inc.,New York,1977,2.

附　　录

由于刚度矩阵的对称性,仅列出下三角部分的非零元素。

K_e 的各元素为:

$$E_{1,1} = \int_0^L EA\phi_1'\phi_1'\mathrm{d}x$$

$$E_{2,1} = \int_0^L EA\phi_1'\phi_2'\mathrm{d}x$$

$$E_{2,2} = \int_0^L [GA_y(\phi_{z3}'-\phi_{z7})^2 + EI_z\phi_{z7}'^2]\,\mathrm{d}x$$

$$E_{6,2} = \int_0^L [GA_y(\phi_{z3}'-\phi_{z7})(\phi_{z4}'-\phi_{z8}) + EI_z\phi_{z7}'\phi_{z8}']\,\mathrm{d}x$$

$$E_{8,2} = \int_0^L [GA_y(\phi_{z3}'-\phi_{z7})(\phi_{z5}'-\phi_{z9}) + EI_z\phi_{z7}'\phi_{z9}']\,\mathrm{d}x$$

$$E_{12,2} = \int_0^L [GA_y(\phi_{z3}'-\phi_{z7})(\phi_{z6}'-\phi_{z10}) + EI_z\phi_{z7}'\phi_{z10}']\,\mathrm{d}x$$

$$E_{3,3} = \int_0^L [GA_z(\phi_{y3}'-\phi_{y7})^2 + EI_z\phi_{y7}'^2]\,\mathrm{d}x$$

$$E_{5,3} = \int_0^L [-GA_z(\phi_{y3}'-\phi_{y7})(\phi_{y4}'-\phi_{y8}) + EI_y\phi_{y7}'\phi_{y8}']\,\mathrm{d}x$$

$$E_{9,3} = \int_0^L [GA_z(\phi_{y3}'-\phi_{y7})(\phi_{y5}'-\phi_{y9}) + EI_y\phi_{y7}'\phi_{y9}']\,\mathrm{d}x$$

$$E_{11,3} = \int_0^L [-GA_y(\phi_{y3}'-\phi_{y7})(\phi_{y6}'-\phi_{y10}) + EI_y\phi_{y7}'\phi_{y10}']\,\mathrm{d}x$$

$$E_{4,4} = \int_0^L GI_x\phi_1'\phi_1'\mathrm{d}x$$

$$E_{10,10} = \int_0^L GI_x\phi_2'\phi_2'\mathrm{d}x$$

$$E_{5,5} = \int_0^L [GA_z(\phi_{y4}'-\phi_{y8})^2 + EI_y\phi_{y8}'^2]\,\mathrm{d}x$$

$$E_{9,5} = \int_0^L [-GA_z(\phi_{y4}'-\phi_{y8})(\phi_{y5}'-\phi_{y9}) - EI_y\phi_{y3}'\phi_{y9}']\,\mathrm{d}x$$

$$E_{11,5} = \int_0^L [-GA_z(\phi_{y4}'-\phi_{y8})(\phi_{y6}'-\phi_{y10}) + EI_y\phi_{y8}'\phi_{y10}']\,\mathrm{d}x$$

$$E_{6,6} = \int_0^L [GA_y(\phi_{z4}'-\phi_{z8})^2 + EI_z\phi_{z8}'^2]\,\mathrm{d}x$$

$$E_{8,6} = \int_0^L [GA_y(\phi_{z4}'-\phi_{z8})(\phi_{z5}'-\phi_{z9}) + EI_z\phi_{z8}'\phi_{z9}']\,\mathrm{d}x$$

$$E_{12,6} = \int_0^L [GA_y(\phi_{z4}'-\phi_{z8})(\phi_{z6}'-\phi_{z10}) + EI_z\phi_{z8}'\phi_{z10}']\,\mathrm{d}x$$

$$E_{7,7} = \int_0^L EA\phi_2'\phi_2'\,\mathrm{d}x$$

$$E_{8,8} = \int_0^L [GA_y\,(\phi_{z5}' - \phi_{z9})^2 + EI_z\phi_{z9}'^2]\,\mathrm{d}x$$

$$E_{12,8} = \int_0^L [GA_z(\phi_{z5}' - \phi_{z9})(\phi_{z6}' - \phi_{z10}) + EI_z\phi_{z9}'\phi_{z10}']\,\mathrm{d}x$$

$$E_{9,9} = \int_0^L [GA_z\,(\phi_{y5}' - \phi_{y9})^2 + EI_y\phi_{y9}'^2]\,\mathrm{d}x$$

$$E_{11,9} = \int_0^L [-GA_z(\phi_{y5}' - \phi_{y9})(\phi_{y6}' - \phi_{y10}) - EI_y\phi_{y9}'\phi_{y10}']\,\mathrm{d}x$$

$$E_{10,10} = \int_0^L GI_x\phi_1'\phi_2'\,\mathrm{d}x$$

$$E_{11,11} = \int_0^L [GA_z\,(\phi_{y6}' - \phi_{y10}')^2 + EI_y\phi_{y10}'^2]\,\mathrm{d}x$$

$$E_{12,12} = \int_0^L [GA_y\,(\phi_{z6}' - \phi_{z10})^2 + EI_z\phi_{z10}'^2]\,\mathrm{d}x$$

$\boldsymbol{K}_g$ 的各元素为：

$$G_{1,1} = \int_0^L N_x\phi_1'\phi_2'\,\mathrm{d}x$$

$$G_{2,1} = \int_0^L (-Q_y\phi_1'\phi_{z7} + M_z\phi_1'\phi_{z7}')\,\mathrm{d}x$$

$$G_{3,1} = \int_0^L (-Q_y\phi_1'\phi_{y7} - M_y\phi_1'\phi_{y7}')\,\mathrm{d}x$$

$$G_{5,1} = \int_0^L (Q_y\phi_1'\phi_{y8} + M_y\phi_1'\phi_{y8}')\,\mathrm{d}x$$

$$G_{6,1} = \int_0^L (-Q_y\phi_1'\phi_{z8} + M_z\phi_1'\phi_{z8}')\,\mathrm{d}x$$

$$G_{7,1} = \int_0^L N_x\phi_1'\phi_2'\,\mathrm{d}x$$

$$G_{8,1} = \int_0^L (-Q_y\phi_1'\phi_{z9} + M_z\phi_1'\phi_{z9}')\,\mathrm{d}x$$

$$G_{9,1} = \int_0^L (-Q_z\phi_1'\phi_{y9} - M_y\phi_1'\phi_{y9}')\,\mathrm{d}x$$

$$G_{11,1} = \int_0^L (Q_z\phi_1'\phi_{y10} + M_y\phi_1'\phi_{y10}')\,\mathrm{d}x$$

$$G_{12,1} = \int_0^L (-Q_y\phi_1'\phi_{z10} + M_z\phi_1'\phi_{z10}')\,\mathrm{d}x$$

$$G_{2,2} = \int_0^L (N_x\phi_{z3}'^2 + R_1\phi_{z7}'^2 + 2R_5\phi_{z7}\phi_{z7}')\,\mathrm{d}x$$

$$G_{3,2} = \int_0^L (R_4\phi_{y7}'\phi_{z7}' + R_6\phi_{y7}'\phi_{z7} + 2R_7\phi_{y7}\phi_{z7}')\,\mathrm{d}x$$

$$G_{4,2} = \int_0^L (-Q_z\phi_1\phi_{z3}' - M_y\phi_1'\phi_{z3}')\,\mathrm{d}x$$

$$G_{5,2} = \int_0^L (-R_4\phi_{y8}'\phi_{z7}' - R_6\phi_{y8}'\phi_{z7} - R_7\phi_{y8}\phi_{z7}')\,\mathrm{d}x$$

$$G_{6,2} = \int_0^L (N_x \phi'_{z3} \phi'_{z4} + R_1 \phi'_{z7} \phi'_{z8} + R_5 \phi'_{z7} \phi_{z8} + R_5 \phi_{z7} \phi'_{z8}) \mathrm{d}x$$

$$G_{7,2} = \int_0^L (- Q_y \phi'_2 \phi_{z7} - M_z \phi'_2 \phi'_{z7}) \mathrm{d}x$$

$$G_{8,2} = \int_0^L (N_x \phi'_{z3} \phi'_{z5} + R_1 \phi'_{z7} \phi'_{z9} + R_5 \phi'_{z7} \phi_{z9} + R_5 \phi_{z7} \phi'_{z9}) \mathrm{d}x$$

$$G_{9,2} = \int_0^L (R_4 \phi'_{y9} \phi'_{z7} + R_6 \phi'_{y9} \phi_{z7} + R_7 \phi_{y9} \phi'_{z7}) \mathrm{d}x$$

$$G_{10,2} = \int_0^L (- Q_z \phi_2 \phi'_{z3} - M_y \phi'_2 \phi'_{z3}) \mathrm{d}x$$

$$G_{11,2} = \int_0^L (- R_4 \phi'_{y10} \phi'_{z7} - R_6 \phi'_{y10} \phi_{z7} - R_7 \phi_{y10} \phi'_{z7}) \mathrm{d}x$$

$$G_{12,2} = \int_0^L (N_x \phi'_{z3} \phi'_{z6} + R_1 \phi'_{z7} \phi'_{z10} + R_5 \phi'_{z7} \phi_{z10} + R_5 \phi_{z7} \phi'_{z10}) \mathrm{d}x$$

$$G_{3,3} = \int_0^L (N_x \phi'^2_{y3} + R_2 \phi'^2_{y7} + 2R_3 \phi_{y7} \phi'_{y7}) \mathrm{d}x$$

$$G_{4,3} = \int_0^L (Q_y \phi'_1 \phi'_{y3} - M_z \phi'_1 \phi'_{y3}) \mathrm{d}x$$

$$G_{5,3} = \int_0^L (- N_x \phi'_{y3} \phi'_{y4} - R_2 \phi'_{y7} \phi'_{y8} - R_8 \phi'_{y7} \phi_{y8} - R_8 \phi_{y7} \phi'_{y8}) \mathrm{d}x$$

$$G_{6,3} = \int_0^L (R_4 \phi'_{y7} \phi'_{z3} + R_6 \phi'_{y7} \phi_{z8} + R_7 \phi_{y7} \phi'_{z8}) \mathrm{d}x$$

$$G_{7,3} = \int_0^L (- Q_y \phi'_2 \phi_{y3} - M_y \phi'_2 \phi'_{y7}) \mathrm{d}x$$

$$G_{8,3} = \int_0^L (R_4 \phi'_{y7} \phi'_{z9} + R_6 \phi'_{y7} \phi_{z9} + R_7 \phi_{y7} \phi'_{z9}) \mathrm{d}x$$

$$G_{9,3} = \int_0^L (N_x \phi'_{y3} \phi'_{y5} + R_2 \phi'_{y7} \phi'_{y9} + R_8 \phi'_{y7} \phi_{y9} + R_8 \phi_{y7} \phi'_{y9}) \mathrm{d}x$$

$$G_{10,3} = \int_0^L (Q_y \phi_2 \phi'_{y3} - M_z \phi'_2 \phi'_{y3}) \mathrm{d}x$$

$$G_{11,3} = \int_0^L (- N_x \phi'_{y3} \phi'_{y6} - R_2 \phi'_{y7} \phi'_{y10} - R_8 \phi'_{y7} \phi_{y10} - R_8 \phi_{y7} \phi'_{y10}) \mathrm{d}x$$

$$G_{12,3} = \int_0^L (R_4 \phi'_{y7} \phi'_{z10} + R_6 \phi'_{y7} \phi_{z10} + R_7 \phi_{y7} \phi'_{z10}) \mathrm{d}x$$

$$G_{4,4} = \int_0^L (R_3 \phi'^2_1 + 2R_9 \phi'_1 \phi'_1) \mathrm{d}x$$

$$G_{5,4} = \int_0^L (- Q_y \phi_2 \phi'_{y4} - M_z \phi'_2 \phi'_{y4}) \mathrm{d}x$$

$$G_{6,4} = \int_0^L (- Q_z \phi_1 \phi'_{z4} - M_y \phi'_1 \phi'_{z4}) \mathrm{d}x$$

$$G_{8,4} = \int_0^L (- Q_z \phi_1 \phi'_{z5} - M_y \phi'_1 \phi'_{z5}) \mathrm{d}x$$

$$G_{9,4} = \int_0^L (Q_y \phi_1 \phi'_{y5} - M_z \phi'_1 \phi'_{y5}) \mathrm{d}x$$

$$G_{10,4} = \int_0^L (R_3 \phi'_1 \phi'_2 + R_9 \phi_1 \phi'_2 + R_9 \phi'_1 \phi_2) \mathrm{d}x$$

$$G_{11,4} = \int_0^L (-Q_y \phi_1 \phi_{y6}' + M_z \phi_1' \phi_{y6}') \, \mathrm{d}x$$

$$G_{12,4} = \int_0^L (-Q_z \phi_1 \phi_{z6}' - M_y \phi_1' \phi_{z6}') \, \mathrm{d}x$$

$$G_{5,5} = \int_0^L (N_x \phi_y \phi_{y4}'^2 + R_2 \phi_{y8}'^2 + 2R_8 \phi_{y8} \phi_{y8}') \, \mathrm{d}x$$

$$G_{6,5} = \int_0^L (-R_4 \phi_{y8}' \phi_{z8}' - R_6 \phi_{y8}' \phi_{z8} - R_7 \phi_{y8} \phi_{z8}') \, \mathrm{d}x$$

$$G_{7,5} = \int_0^L (Q_z \phi_2' \phi_{y8} + M_y \phi_2' \phi_{y8}') \, \mathrm{d}x$$

$$G_{8,5} = \int_0^L (-R_4 \phi_{y8}' \phi_{z9}' - R_6 \phi_{y8}' \phi_{z9} - R_7 \phi_{y8} \phi_{z9}') \, \mathrm{d}x$$

$$G_{9,5} = \int_0^L (-N_x \phi_{y4}' \phi_{y5}' - R_2 \phi_{y8}' \phi_{y9}' - R_8 \phi_{y8}' \phi_{y9} - R_8 \phi_{y8} \phi_{y9}') \, \mathrm{d}x$$

$$G_{10,5} = \int_0^L (-Q_y \phi_2 \phi_{y4}' + M_z \phi_2' \phi_{y4}') \, \mathrm{d}x$$

$$G_{11,5} = \int_0^L (N_x \phi_{y4}' \phi_{y6}' + R_2 \phi_{y8}' \phi_{y10}' + R_8 \phi_{y8}' \phi_{y10} + R_8 \phi_{y8} \phi_{y10}') \, \mathrm{d}x$$

$$G_{12,5} = \int_0^L (-R_4 \phi_{y8}' \phi_{z10}' - R_6 \phi_{y8}' \phi_{z10} - R_7 \phi_{y8} \phi_{z10}') \, \mathrm{d}x$$

$$G_{6,6} = \int_0^L (N_x \phi_{z4}'^2 + R_1 \phi_{z8}'^2 + 2R_5 \phi_{z8} \phi_{z8}') \, \mathrm{d}x$$

$$G_{7,6} = \int_0^L (-Q_y \phi_2' \phi_{z8} + M_z \phi_2' \phi_{z4}') \, \mathrm{d}x$$

$$G_{8,6} = \int_0^L (N_x \phi_{z4}' \phi_{z5}' + R_2 \phi_{z8}' \phi_{z9}' + R_5 \phi_{z8} \phi_{z9}' + R_5 \phi_{z8}' \phi_{z9}) \, \mathrm{d}x$$

$$G_{9,6} = \int_0^L (R_4 \phi_{y9} \phi_{z8}' + R_6 \phi_{y9}' \phi_{z8} + R_7 \phi_{y9} \phi_{z8}') \, \mathrm{d}x$$

$$G_{10,6} = \int_0^L (-Q_z \phi_2 \phi_{z4}' + M_y \phi_2' \phi_{z4}') \, \mathrm{d}x$$

$$G_{11,6} = \int_0^L (-R_4 \phi_{y10} \phi_{z8}' - R_6 \phi_{y10}' \phi_{z8} - R_7 \phi_{y10} \phi_{z8}') \, \mathrm{d}x$$

$$G_{12,6} = \int_0^L (N_x \phi_{z4}' \phi_{z6}' + R_1 \phi_{z8}' \phi_{z10}' + R_5 \phi_{z8}' \phi_{z10} + R_5 \phi_{z8} \phi_{z10}') \, \mathrm{d}x$$

$$G_{7,7} = \int_0^L N_x \phi_2'^2 \, \mathrm{d}x$$

$$G_{8,7} = \int_0^L (-Q_y \phi_2' \phi_{z9} + M_z \phi_2' \phi_{z9}') \, \mathrm{d}x$$

$$G_{9,7} = \int_0^L (-Q_z \phi_2' \phi_{y9} - M_y \phi_2' \phi_{y9}') \, \mathrm{d}x$$

$$G_{11,7} = \int_0^L (Q_z \phi_2' \phi_{y10} + M_y \phi_2' \phi_{y10}') \, \mathrm{d}x$$

$$G_{12,7} = \int_0^L (-Q_y \phi_2' \phi_{z10} + M_z \phi_2' \phi_{z10}') \, \mathrm{d}x$$

$$G_{8,8} = \int_0^L (N_x \phi_{z5}'^2 + R_1 \phi_{z9}'^2 + 2R_5 \phi_{z9} \phi_{z9}') \, \mathrm{d}x$$

$$G_{9,8} = \int_0^L (R_4 \phi_{y9} \phi_{z9}' + R_6 \phi_{y9}' \phi_{z9} + R_7 \phi_{y9} \phi_{z9}') \mathrm{d}x$$

$$G_{10,8} = \int_0^L (-Q_y \phi_2 \phi_{z5}' - M_y \phi_2' \phi_{z5}') \mathrm{d}x$$

$$G_{11,8} = \int_0^L (-R_4 \phi_{y10} \phi_{z9}' - R_6 \phi_{y10}' \phi_{z9} - R_7 \phi_{y10} \phi_{z9}') \mathrm{d}x$$

$$G_{12,8} = \int_0^L (N_x \phi_{z5}' \phi_{z6}' + R_1 \phi_{z9}' \phi_{z10} + R_5 \phi_{z9}' \phi_{z10} + R_5 \phi_{z9} \phi_{z10}') \mathrm{d}x$$

$$G_{10,10} = \int_0^L (R_3 \phi_2'^2 + 2R_9 \phi_2'^2) \mathrm{d}x$$

$$G_{11,10} = \int_0^L (-Q_y \phi_2 \phi_{y6}' + M_z \phi_2' \phi_{y6}') \mathrm{d}x$$

$$G_{12,10} = \int_0^L (-Q_z \phi_2 \phi_{z6}' - M_y \phi_2' \phi_{z6}') \mathrm{d}x$$

$$G_{11,11} = \int_0^L (N_x \phi_{y6}'^2 + R_2 \phi_{y10}'^2 + 2R_8 \phi_{y10} \phi_{y10}') \mathrm{d}x$$

$$G_{12,11} = \int_0^L (-R_4 \phi_{y10} \phi_{z10}' - R_6 \phi_{y10}' \phi_{z10} - R_7 \phi_{y10} \phi_{z10}') \mathrm{d}x$$

$$G_{12,12} = \int_0^L (N_x \phi_{z6}'^2 + R_1 \phi_{z10}'^2 + 2R_5 \phi_{z10} \phi_{z10}') \mathrm{d}x$$

$^1\boldsymbol{F}$ 的各元素为：

$$F_1 = \int_0^L N_x \phi_1' \mathrm{d}x$$

$$F_2 = \int_0^L [Q_y (\phi_{z3}' - \phi_{z7}) + M_z \phi_{z7}'] \mathrm{d}x$$

$$F_3 = \int_0^L [Q_z (\phi_{y3}' - \phi_{y7}) - M_y \phi_{y7}'] \mathrm{d}x$$

$$F_4 = \int_0^L M_x \phi_1' \mathrm{d}x$$

$$F_5 = \int_0^L [-Q_z (\phi_{y4}' - \phi_{y8}) + M_y \phi_{y8}'] \mathrm{d}x$$

$$F_6 = \int_0^L [Q_y (\phi_{z4}' - \phi_{z8}) + M_z \phi_{z8}'] \mathrm{d}x$$

$$F_7 = \int_0^L N_x \phi_2' \mathrm{d}x$$

$$F_8 = \int_0^L [Q_y (\phi_{z5}' - \phi_{z9}) + M_z \phi_{z9}'] \mathrm{d}x$$

$$F_9 = \int_0^L [Q_z (\phi_{y5}' - \phi_{y9}) - M_y \phi_{y9}'] \mathrm{d}x$$

$$F_{10} = \int_0^L M_x \phi_2' \mathrm{d}x$$

$$F_{11} = \int_0^L [-Q_z (\phi_{y6}' - \phi_{y10}) + M_y \phi_{y10}'] \mathrm{d}x$$

$$F_{12} = \int_0^L [Q_y (\phi_{z6}' - \phi_{z10}) + M_z \phi_{z10}'] \mathrm{d}x$$